U0204325

无人飞行器目标搜索跟踪及应用

张毅　杨秀霞　杨林　孟启源　曹唯一　著

北京航空航天大学出版社

内 容 简 介

无人飞行器(UAV)目标搜索跟踪在军事和民用领域有着广泛、迫切的应用需求和重要的理论研究价值,是目前多无人飞行器系统自主化、智能化控制领域的一个重要研究方向。然而,当前多无人飞行器在多约束条件下和复杂环境中难以生成较优的搜索跟踪路径,且在多无人飞行器执行搜索跟踪任务时,各机之间协同难度较大。上述问题的解决方法之一是对多无人飞行器跟踪航迹进行有效规划及优化。本书以单无人飞行器及多无人飞行器协同搜索跟踪地面目标任务为背景,面向 Standoff 跟踪模式,针对无人飞行器航迹规划及优化,重点围绕多无人飞行器搜索及协同逼近目标域路径规划、无人飞行器搜索跟踪目标起始点处航迹方位角修正以及多无人飞行器搜索跟踪相位角协同等问题展开。

本书可为无人飞行器自主协同控制、导引及指挥等相关专业的科技工作者提供重要的理论和实际参考,同时也可作为高等院校相关专业的高年级本科生、研究生和教师的教学参考用书。

图书在版编目(CIP)数据

无人飞行器目标搜索跟踪及应用 / 张毅等著.
北京 : 北京航空航天大学出版社,2024.9. -- ISBN
978 - 7 - 5124 - 4447 - 8

Ⅰ. V279

中国国家版本馆 CIP 数据核字第 2024P24X31 号

无人飞行器目标搜索跟踪及应用

张毅 杨秀霞 杨林 孟启源 曹唯一 著
策划编辑 董 瑞 责任编辑 龚 雪

*

北京航空航天大学出版社出版发行

北京市海淀区学院路 37 号(邮编 100191) http://www.buaapress.com.cn
发行部电话:(010)82317024 传真:(010)82328026
读者信箱:goodtextbook@126.com 邮购电话:(010)82316936
北京建宏印刷有限公司印装 各地书店经销

*

开本:710×1 000 1/16 印张:9.5 字数:186 千字
2024 年 9 月第 1 版 2024 年 9 月第 1 次印刷
ISBN 978 - 7 - 5124 - 4447 - 8 定价:79.00 元

前　　言

无人飞行器在 21 世纪已成为科技进步与创新的代表之一,在摄影、测绘、农业、环境监测等领域发挥着重要作用,在应急搜救、物流、教育和科研等领域也有着广阔的应用前景,未来将继续发挥重要作用。实践表明,无人飞行器是执行"乏味的,肮脏的,高危险系数的,大纵深的"4D(Dull,Dirty,Dangerous,Deep,4D)任务的最佳选择。

研究多无人飞行器协同目标搜索跟踪问题在各个领域具有重要意义,如对地面移动车辆的跟踪、海上搜救任务中对待救援人员的跟踪等。然而,平台的运动性能约束、复杂任务环境中传感器探测距离限制以及被跟踪目标运动不确定性等多方面因素的影响,使得多无人飞行器控制难度逐渐增大,任务完成效率低下。所以,无论从应用需求还是技术发展来看,对该问题进行建模分析、控制方法研究以及协同策略优化,以提升多无人飞行器自主跟踪目标能力是十分必要的。本书针对无人飞行器目标搜索跟踪问题进行研究。

本书的主要内容如下:

第 1 章绪论,主要概述无人飞行器协同搜索技术、协同跟踪技术、多UAV 协同逼近跟踪域路径规划技术、UAV 跟踪目标起始点处航迹方位角平滑过渡技术、多 UAV 跟踪相位角协同技术的国内外发展现状。

第 2 章无人机协同问题求解构架,主要针对协同搜索和跟踪问题的相关问题进行研究。首先,建立了飞行器模型、传感器探测模型和任务环境模型,并针对搜索和跟踪任务的侧重点不同进行了分析;其次,对比分析了几种体系结构,并阐述了各结构的优缺点,研究了集中式下的模型预测控制优化模型;最后,针对有人机/无人机协同决策流程进行了研究,并对基于图形用户界面的交互方式进行了论证说明。

第 3 章有人机/无人机协同搜索研究,主要针对有人机/无人机协同搜索问题进行研究。首先,对协同搜索问题进行了描述,并构建了基于环境确定度和目标发现概率的动态搜索图;其次,设计了搜索收益指标,基于 VCMPC 进行优化决策,并利用 PSO 进行求解;最后,实现了有人机高智能决策下的协同搜索仿真。

第 4 章基于双旋 Lyapunov 矢量场的避障算法,主要针对 UAV 避障问题展开研究,提出了一种基于双旋 LVF 的避障算法。基于 LVF 的顺、逆旋转的特性,通过确定最优避障方向缩短航迹代价,并通过确定矢量场旋转方向引导 UAV 避过障碍物。由于 Lyapunov 函数引导下的 UAV 始终会收敛到跟踪半径,保证了 UAV 的安全,最后设计的避障成功标准使得 UAV 顺利摆脱了 LVF 并飞向目标点。

第 5 章有人机/无人机协同目标跟踪研究,主要针对二维和三维空间中的目标跟踪和避障问题进行研究。根据目标跟踪和避障问题特点,对飞行器、目标和障碍物模型进行了修正,研究了多飞行器协同跟踪目标问题,并对其中的参数进行求解。为了解决多 UAV 协同跟踪目标时避障过程中飞行器的碰撞问题,将其他飞行器转化为"虚拟障碍"进行规避,并设计了高智能决策下的有人机/无人机协同跟踪界面,最后仿真结果实现了单个飞行器和 UAV 协同跟踪目标和避障仿真。

第 6 章基于双圆弧法的多 UAV 逼近目标跟踪域路径求解,主要基于双圆弧法的多 UAV 逼近目标跟踪域路径进行求解。以双圆弧轨迹为基础,提出了一种双圆弧路径规划法。该方法在满足时间和角度约束的条件下,引导 UAV 安全避开障碍物,按要求到达任务地点。通过对路径规划参数解析式推导,总结归纳路径规划所需参数数量。根据推导的路径规划参数取值范围,设计了多 UAV 协同任务路径规划方案。

第 7 章 UAV 跟踪目标起始点处航迹方位角平滑过渡算法,主要研究 UAV 跟踪目标起始点处航迹方位角平滑过渡算法。提出了一种基于误差反馈的航迹方位角误差收敛方法。该方法基于 UAV 二维运动学模型,通过 Lyapunov 矢量场为 UAV 提供期望的飞行航迹方位角,然后通过误差反馈方法对航迹方位角误差进行指数收敛修正,同时论证了修正方法的稳定性和收敛性。该方法对于提高 UAV 执行跟踪任务能力和效率有十分积极的作用。

第 8 章基于轨道变换法的多 UAV 相位角协同跟踪,主要研究基于轨道变换法的多 UAV 相位角协同跟踪。针对多 UAV 跟踪目标的相位角协同问题,提出了一种轨道变换法,设计了内外两个跟踪轨道。基于 UAV 运动学模型,由 Lyapunov 矢量场使 UAV 跟踪目标,通过轨道变换使各 UAV 先后进入期望跟踪轨道,通过调控 UAV 轨道变换次序和飞行时间实现 UAV 之间的相位角协同。

作者所在的研究小组多年来一直从事无人飞行器控制方面的研究,并在无人飞行器导航与控制方面做了卓有成效的工作。本书的出版得到了山东省自然科学基金的资助(ZR2020MF090),在此表示感谢。

无人飞行器目标搜索跟踪技术是一个不断发展的重要研究方向。本书对无人飞行器系统的研究主要专注于多无人飞行器协同控制方面,而其作为全面、实用的系统,还有很多研究工作要做。希望更多的读者关注这个具有挑战性的研究领域,以进一步研究和解决相关问题。限于作者的学识水平,书中的不足之处恳请读者不吝指教。

作　者
2024 年 3 月

目　　录

第1章 绪 论

1.1 研究背景及意义

伴随着自动控制技术和智能化技术的不断进步,无人飞行器(Unmanned Aerial Vehicles,UAV)被逐步应用在摄影、测绘、农业、环境监测、应急搜救、物流等众多领域,并产生了深远的影响。由于 UAV 具有尺寸小巧、高隐蔽性、杰出的机动性和造价低廉[1]等特点,因此,其十分适合执行"乏味的,肮脏的,高危险系数的,大纵深的"4D(Dull,Dirty,Dangerous,Deep,4D)任务,而有人机(Manned Aerial Vehicles,MAV)执行这些任务则会大大增加风险。过去的许多经验[2]表明,UAV 在环境侦察、目标搜索、跟踪等任务中展现出了极其显著的优势[3]。甚至美国《无人系统路线图 2007—2032》更是将侦察、目标定位和指示作为最紧迫的两个需求来考虑。然而,由于任务环境陆续扩展到空天电磁等多个领域,单个 UAV 已经无法满足任务的需求,因此,多个 UAV 协同的方式成为了必然的选择,即系统中多个 UAV 与其他友邻进行通信和交流,协同执行任务。而由于 UAV 智能化水平所限,目前 UAV 的自主控制等级依旧较低,任务的执行也是采用"预规划+临时调整"的策略,且面对突发情况,UAV 无法做出很好的反应,从而导致撞毁等危险。因此,如何提升多 UAV 协同执行任务时的环境响应能力和自主决策能力成为了一个亟需解决的问题。

根据美国空军研究实验室(Air Force Research Laboratory,AFRL)制定的无人系统自控等级(Autonomous Control Level,ACL),现有的最先进的 UAV 也只处于第 3 级,要达到完全自主的第 10 级还有很长的距离[4]。由于 UAV 的智能化水平在较短时间内还无法达到 MAV 的自主决策水平,多 UAV 的完全自主协同执行任务还面临着许多瓶颈。

因此,研究 UAV 的协同搜索和跟踪问题,能够更加促进人工智能技术的创新进步,同时,作为提升任务执行能力的一种短时间内较容易实现的方法,该问题也逐渐成为了研究的焦点,为未来实现多 UAV 的完全自主协同打下一定的基础。

1.2　研究现状

1.2.1　协同搜索技术

　　UAV 适合执行枯燥任务的特性使得其常被用来执行一定任务区域内的目标搜索任务。由于单个 UAV 能力有限,因此目前大多数研究都是关于多 UAV 协同进行搜索任务的研究。文献[5]通过构建搜索概率图,利用协同进化算法生成协同搜索航迹。考虑到环境和测量的不确定性,文献[6]通过搜索概率图来描述不确定性,并利用遗传算法(GA)寻求较高性能的解。考虑通信延迟和 UAV 机动性能的影响,文献[7]进行了禁飞区存在情况下的协同搜索航迹规划。作为协同搜索问题中的一种特殊情况,文献[8]研究了持续监视问题,利用模糊 C 均值法进行聚类,使得协同搜索的效率获得极大提升。考虑搜索过程中的通信约束,文献[9]验证了不同的通信限制对目标选取的影响,并通过信息补偿来消除延迟。针对协同搜索控制结构的不同,文献[10]对集散式和分布式模型预测控制(Decentralized Model Predictive Control,DMPC)方法利用粒子群优化(Particle Swarm Optimization,PSO)进行了求解。文献[11]结合极值控制算法和反应对流扩散方程,研究了多机器人对光源的协同搜索,但是 UAV 和机器人机动特性的不同使得该方法无法应用在 UAV 的协同搜索中。针对传统扫描式搜索策略中无法有效探测动态目标的缺点,文献[12]提出了一种斜线搜索策略,克服了搜索盲区,提升了任务区域的覆盖率。同样是针对动态目标,文献[13]在考虑搜索中的代价因素后,对种群进行混合编码,利用增量学习(Incremental Learning,IL)和自适应变异的方式来进行动态目标的搜索。将元启发方法和局部搜索结合,文献[14]赋予个体 UAV 强化学习和模式匹配的能力,使得UAV 能够更加适应不同种类的搜索任务。文献[15]将协同搜索问题分为协同机动、环境观测和协同信息融合三部分来进行考虑,通过设计多角色潜在赌博约束行为集(Potential Game with Constrained Action Sets),进行 UAV 的协同搜索机动,利用双对数线性学习(Binary Log - Linear Learning,BLLL)保证对环境的最优覆盖。文献[16]对 UAV 协同搜索中的制导律进行了设计,基于 MPC 使规划路径较优且计算量更小。

　　对于协同决策方法,结合 Nash 最优理论,文献[17]设计了以势场法为主的协同机制,采用 PSO 和 MPC 相结合的方法实现单个 UAV 的决策。通过引入模糊算法,文献[18]针对传统方法收益指标的缺陷,设计了基于势场的收益模型,使得协同决策的健壮性大大增加。文献[19]通过模糊聚类对任务区域进行简要划分,实现了多

UAV 协同过程中的三层认知决策。针对传统方法在协同方面的不足,文献[20]设计了目标存在概率修正图(Modified Target Probability Map,MTPM)和数字信息素图(Digital Pheromone Map,DPM),通过 MPC 进行滚动更新来实现决策,增强了遍历能力和搜索效率。文献[21]考虑搜索空间障碍的存在,提出了一种基于模拟退火的粒子群算法(Simulated Annealing based PSO,SAPSO)来求解多 UAV 协同区域随机搜索问题。

以上研究中,对于搜索问题的求解寻求的是以设定的某项指标的最优作为搜索决策信息,忽略了在搜索中发现重要目标后对附近区域的重点搜索,UAV 协同搜索方式就很好地解决了这个问题。同时,考虑搜索区域的地形地貌因素导致的目标存在概率的变化情况也是今后协同搜索研究中需要解决的问题。

1.2.2　协同跟踪技术

跟踪任务是除搜索任务之外 UAV 经常执行的任务。根据时空关系,大致可以分为三种:

第一种是目标追踪。它要求 UAV 在特定时间出现在特定的位置,这是时空约束最高的跟踪方式,常见的形式主要有空中飞行器加油和对空目标拦截。

第二种是目标跟踪,即本书所讨论研究的内容。它要求 UAV 在一定时间范围内出现在一定的空间位置范围上,其时空约束较低,如 Standoff 跟踪即要求 UAV 出现在以目标为圆心的跟踪圆上。

第三种是轨迹跟踪[22]。它仅仅要求 UAV 最终收敛到期望的轨迹上,对收敛的时间并无严格的要求,当然,常常以 UAV 收敛到期望轨迹的时间作为判定轨迹跟踪算法性能优异与否的一个标准。

本书所研究的协同跟踪为第二种——目标跟踪。在目标跟踪方面 UAV 扮演着十分重要的作用。目前常用的跟踪方式主要有 Persistent 跟踪和 Standoff 跟踪。Persistent 跟踪使得所跟踪的目标尽可能多地处于 UAV 传感器的探测范围内,但是在复杂环境下,受空域限制和避障因素影响时,需要多架 UAV 协同实施跟踪来维持跟踪的健壮性[23]。Standoff 跟踪又称定距跟踪,UAV 始终和所跟踪的目标保持一定的安全距离,这样不仅能降低 UAV 暴露的风险[24],也能够达到最好的观测效果。

目前,学者们提出了许多 Standoff 跟踪控制方法,例如优秀舵手[25](Good Helmsman)、航迹构造[26]、非线性 MPC(Nonlinear MPC,NMPC)[27]、参照点导引(Reference Point Guidance,RPG)[28]和矢量场制导等。其中,矢量场制导最为简单方便。针对二维平面上目标的 Standoff 跟踪,Frew 等提出了 Lyapunov 矢量场法[29](Lyapunov Vector Field,LVF),通过航向控制,UAV 逐渐收敛到以目标为圆心、以一定跟踪距离为半径的跟踪圆上。为了寻找到 UAV 收敛到跟踪圆上的最短路径，Chen 等提出了切矢量场制导（Tangent Guidance Vector Field，TGVF）[30]，但是该方法仅在 UAV 位于跟踪圆外部时适用。为了消除 TGVF 的缺点，文献[31]分别使用 LVF 和 TGVF 方法来解决 UAV 处于跟踪圆内部和外部的情况，同时讨论了扰动风存在情况下的目标跟踪。文献[32]利用动态规划方法来缩小跟踪过程中的距离误差协方差。文献[33]利用反演理论（Back Stepping Theory）来获取跟踪航迹，通过砰-砰控制（Bang - Bang Control）来控制 UAV 的转弯角速度。文献[34]研究了目标具有对抗特性条件下的带输入限制的目标跟踪问题。仅通过角度测量，文献[35]通过确立最优的几何观测构型，采用 NMPC 完成了双 UAV 协同 Standoff 跟踪。通过对 RPG 方法进行改进，文献[36]设计了横向和纵向制导律，实现了静、动态目标的跟踪。除此之外，文献[37]提出了一种尾随跟踪方式，UAV 在目标侧后方一定角度跟踪目标运动，还有学者利用微分几何[38]和局部观测马可夫决策过程[39]（Partially Observable Markov Decision Processes，POMDP）来实施目标跟踪的方法。

　　然而，在实际的跟踪过程中，UAV 的飞行环境是复杂而多变的，飞行空间内充斥着各种各样的动态障碍和静态障碍，且目标跟踪的同时需要考虑障碍物对跟踪的影响，并且由于 UAV 的飞行环境是三维的，因此需要将目标跟踪扩展到三维空间来考虑。鉴于以上几点，文献[40]将 LVF 和人工势场法（Artificial Potential Field，APF）相结合，利用 LVF 跟踪目标的同时，运用 APF 躲避飞行过程中可能遇到的障碍，但是其航迹存在拐点大、不适宜 UAV 飞行等缺点。通过将神经网络和逻辑控制相结合，并采用 BP 网络进行样本训练，文献[41]实现了移动机器人在动态环境下的路径跟踪以及障碍规避。针对三维空间内的目标跟踪问题，基于广义 tau 理论[42]，文献[43]通过 tau 矢量场引导多架 UAV 实施协同跟踪，并采用 APF 对其中的障碍进行规避，但是该方法存在避障路径拐点大、参数不易确定的问题。将高度信息引入 Lyapunov 正定函数，文献[44]将 LVF 推广到了三维空间，针对跟踪过程中可能进行的避障机动，利用扰动流体动力系统[45]（Interfered Fluid Dynamic System，IF-DS）实现了避障，并优化了相关的参数。为了实现三维空间中的多 UAV 协同目标跟踪和避障，文献[46]在改进扰动流体动力系统（Improved Interfered Fluid Dynamic System，IIFDS）的基础上，通过引入集群保持，使得 UAV 在避障过程中不会相互碰撞。

　　从已有的研究中可以看出，目前对于目标跟踪和避障问题，相关的研究方法已趋于成熟，但是目前大部分的研究思路都是将跟踪及跟踪过程中的避障视作两个独立的问题，并使用至少两种方法来分别进行求解。这无疑会增大系统的设计规模，不利于简约化和集成化。因此，能否采用一种方法对跟踪及避障问题进行求解成为了一个待解决的问题。

1.2.3　多 UAV 协同逼近跟踪域路径规划技术

多 UAV 接到目标跟踪任务时,可能处于距离目标较远的位置,导致 UAV 无法直接对目标进行跟踪,这时候 UAV 需要先飞行至目标周围一定范围(跟踪域)内才能对目标进行跟踪。多 UAV 在执行该种任务时,需要考虑到达目标跟踪域的时间以及飞行航迹方位角约束以进行协同跟踪,同时还需要考虑飞行环境中的障碍威胁。

应用导引的方法进行路径规划时,能够较好满足路径约束条件。文献[47]设计了一种对 UAV 飞行时间进行调控的方法以达到时间协同的目的,应用模型预测控制算法为 UAV 提供导引律,用行为预测算法(Behavior Prediction Scheme,BPS)对剩余飞行时间进行预测。文献[48]在传统比例导引(Proportional Heading)基础上,调整导引系数以满足相应的约束条件。文献[49]同时满足了 UAV 到达目标处的时间和角度两个方面的约束,在此基础上,对剩余飞行时间进行了预测和补偿以实现时间协同。以上研究的导引方法在规划 UAV 路径时灵活多样,针对性较强,但是忽略了飞行途中的多障碍威胁。

部分学者利用几何方法完成了 UAV 飞行时间和角度控制。文献[50]应用 Voronoi 图,通过雷达探测最小化方法生成一条单架 UAV 的飞行路径,在顶点处添加内圆角,将该路径修正成了一条 UAV 的可飞行路径;对于协同到达目的地的任务,通过高级管理者基于敏感函数(费用和到达时间的比值)广播给每架 UAV 来协调,该方法对 UAV 之间的通信要求较高。文献[51]将 UAV 路径看作一条由多个弹簧-质量-阻尼系统连接成的链子,链子的两端是起点和终点,该方法中,有曲率约束的常微分方程求解过程非常复杂,且障碍物周围微小质量的累积会导致得到不期望的粗劣解。为了满足最小转弯半径要求,文献[52]将快速搜索树(RRT)方法与基于三次螺旋曲线的路径平滑算法相结合,生成 UAV 无碰撞飞行路径。

除此之外,优化成本函数的方法也能够生成可行路径,如概率法[53]、混合整数线性规划(MILP)[54,55]、蚁群优化算法[56]以及遗传算法[57,58],加入 UAV 的运动学约束,得到由一系列的线段和圆弧组成的路径。

近年,为解决多约束条件[59-62]下 UAV 的路径规划问题,许多学者对圆弧制导律及路径规划方法进行了研究[63-66]。文献[67]在导弹机动飞行基础上加入双圆弧轨迹,实现了其在攻击任务下时间和角度可协调的制导效果。文献[68]在该方法的基础上,提出了一种双圆弧制导律,克服了对 UAV 剩余飞行时间的依赖,并对最优圆弧切点选择进行了理论推导,与最优制导律相比,获得了能量相对最优的结果。但其推导过程中双圆弧轨迹规划所需参数较多,参数符号与变量之间关系复杂。

以上的研究中,通过设计制导律进行 UAV 路径规划的方式,对于计算机负载较大;几何方法同样存在着输入参数过多、计算负荷大等问题。因此,如何降低路径规划输入的参数数量,同时满足规划路径的约束条件是值得研究的一个热点。

1.2.4　UAV 跟踪目标起始点处航迹方位角平滑过渡技术

多 UAV 到达跟踪域后,即开始对目标进行跟踪以获取运动信息。在 UAV 对目标实施跟踪的初始时刻,其飞行航迹方位角往往与期望航迹方位角不一致,即存在一定的航迹方位角误差[69]。对此,为了顺利完成 UAV 跟踪任务,需要对 UAV 初始航迹方位角误差进行修正,以实现跟踪起始点处的航迹方位角平滑过渡,完成对航迹的优化。

对此,部分学者采用 Standoff 跟踪模式,在 Lyapunov 制导矢量场基础上进行深入研究。文献[70]引入了一种带有航迹方位角修正项的 Lyapunov 制导矢量场方法,然而在航迹方位角误差收敛和 Standoff 跟踪半径收敛的证明过程中,存在着与时间尺度(Time Scale)分离的问题。文献[71]也采用了 Lyapunov 制导矢量场方法来解决该问题,该研究通过使用滑模控制器来保证航迹方位角在有限的时间内完成收敛,从而避开时间尺度分离问题,但是采用该方法获得的 UAV 航迹方位角收敛精度较低。

此外,还有一些学者通过实测设备,对 UAV 飞行过程中的飞行参数进行实时测量,从而为 UAV 航迹方位角提供实时的修正指令。文献[72]提出了一种动态调整 UAV 航迹方位角的算法,需要多个参照物以及多个移动终端支持,实现较为困难。文献[73]提出了一种 UAV 携带定向天线的航迹方位角控制策略,建立了一个远程空中通信信道,将航迹方位角控制过程分为位置估计和角度调整两个阶段。

从以上的研究中可知,在 UAV 航迹方位角控制中添加修正项的方法会带来算法复杂度高的问题,通过返回实测数据进行 UAV 航迹方位角实时控制的方法会带来无法避免的信息传输延时问题。因此,如何快速对 UAV 的航迹方位角进行调整以实现跟踪初始点处航迹方位角的平滑过渡成为了待解决的问题。

1.2.5　多 UAV 跟踪相位角协同技术

多 UAV 在对目标进行协同跟踪时,为了尽可能提高多 UAV 对目标信息的获取效率,多 UAV 需要以一定的相位间隔分布围绕目标飞行。通常,为使多 UAV 的机载传感器探测区域全方位覆盖目标,UAV 应以均等相位角间隔[74]分布于目标周围。

然而现有的解决方法,大多是先完成 UAV 对目标的跟踪,然后再进行 UAV 之间的相位调整,放弃了在跟踪目标的飞行过程中协调相位角,这样会增加跟踪时间、降低跟踪效率。为解决此问题,文献[75]在 LVF 和 tau[76]理论的基础上,提出一种基于 tau 矢量场制导的多 UAV 跟踪方法,将时间信息融入矢量场进行四维制导,在跟踪过程中对实时的导引律进行修正,以完成相位角协同。文献[77]同样在跟踪过程中进行相位角协同,通过规划路径的方式实现两架 UAV 的相位角协同。但是,该方法仅在二维平面进行跟踪研究并且研究的 UAV 数量较少,没有针对多个 UAV 之间的相位角协同问题给出解决方案。

文献[78]设计了一种多 UAV 分散相位角差控制律,通过生成滚动角度命令保持 Standoff 跟踪距离,根据发出的速度和航迹方位角指令以保持相邻 UAV 之间的相位角间隔。文献[79]设计了一种基于自适应滑模控制(Sliding Mode Control)的 UAV 跟踪目标矢量场制导方法。文献[80]采用了一种扩展信息滤波器,利用相邻 UAV 提供的附加目标信息,对目标的位置与加速度进行估计,在此基础上提出了一种同时考虑目标距离误差和 UAV 之间相位差的矢量场修正方法。

从已有的研究成果可以看出,目前对于多 UAV 相位角协同问题,相关的研究思路大都是在原有跟踪制导律的基础上进行修正工作,或者是在实测数据基础上通过信息中心对多 UAV 进行远程指令控制以达到相位角协同的目的。这无疑会给系统带来数据处理上的难度,且实时性不佳,不利于进行快速的相位角协同。因此,如何设计一种实时、迅速的区域性多 UAV 相位角协同方法成为了待解决的问题。

第 2 章　无人机协同问题求解构架

2.1　引　言

协同搜索、协同目标跟踪都是感知目标信息的有效措施。协同搜索通常是指对于一定任务区域内情况未知、目标数量和特性未知情况下多飞行器相互协同进行搜索,降低区域的不确定性并尽可能多地发现目标的一种实施方式。由于目标机动性和各种禁飞区的存在,有时已搜索过的区域需要进行重复搜索来保证态势获取的实时性。而协同目标跟踪则是在必要的避障和协同机动外,尽可能利用多架飞行器保持对给定目标的持续探测,确保长时间内对目标信息的持续感知。

协同搜索和协同目标跟踪问题在求解时,不仅需要考虑执行任务的飞行器机动性能约束、传感器探测和通信等时空约束,而且要考虑不同的任务侧重点,在保证 UAV 安全性的同时,保证任务完成的高效率。

本书对 UAV 协同搜索和协同跟踪采取如下定义:

定义 2.1　UAV 协同搜索。在环境情报和目标数量、特性等信息完全未知或部分已知的任务地域中,为了降低环境不确定度或者发现目标,多架 UAV 对任务地域进行协同搜索。

定义 2.2　UAV 协同跟踪。在动力特性约束下(转弯半径、俯仰角等),UAV 对潜在的障碍进行避障机动,并对给定的静态或动态目标实施持续跟踪,使得目标尽可能多地处于飞行器探测范围内。

根据定义能够了解到,协同搜索和协同跟踪问题的底层控制结构是类似的,不同的是由于任务的侧重点不同,使得求解问题时的任务指标和决策依据不同。协同搜索寻求对任务地域最大程度地覆盖或者最大概率地发现目标,而协同跟踪则寻求的是在保证 UAV 安全的前提下,保证跟踪的目标不丢失。不难发现,二者均属于一类优化控制问题,都包含飞行器模型、传感器探测模型、决策结构等要素。下面进行分析和模型的建立。

2.2　要素分析和模型建立

2.2.1　飞行器模型

　　飞行器在实施协同搜索和协同跟踪时,通过 UAV 机载传感器获取传感器探测范围内的环境信息和探测到的目标信息,在协同规划中,不仅需要考虑飞行速度范围约束和转弯半径等约束条件,同时也要考虑飞行器模型、传感器探测模型等的影响。由于 UAV 协同搜索和跟踪任务路径规划问题是本书的主要研究内容,因此在进行飞行器建模时,假定飞行器通过其内部控制系统完成最基础的飞行航迹控制,并且任务规划和基础飞行可以进行解耦,因此,将飞行器模型视为点质量模型,即具有一定运动特性约束但没有大小约束的质点来考虑。

　　设飞行器的飞行任务空间为三维空间 $C_{3d} = (x, y, z) \in \mathbf{R}^3$,在三维空间中,飞行器可以做俯仰、偏航和爬升等机动动作。本书在 UAV 协同任务中,暂时考虑 N_u 架 UAV 的协同,在 $xOyz$ 三维笛卡儿坐标系下,第 i 架飞行器的状态向量设为 $\mathbf{X}_i = (x_i, y_i, z_i, v_i, \psi_i, \gamma_i)^{\mathrm{T}}$,则连续时间下的三维点质量模型可以表示为

$$\begin{bmatrix} \dot{x}_i(t) \\ \dot{y}_i(t) \\ \dot{z}_i(t) \\ \dot{v}_i(t) \\ \dot{\psi}_i(t) \\ \dot{\gamma}_i(t) \end{bmatrix} = \begin{bmatrix} v_i(t)\cos\gamma_i(t)\cos\psi_i(t) \\ v_i(t)\cos\gamma_i(t)\sin\psi_i(t) \\ v_i(t)\sin\gamma_i(t) \\ u_i^v(t) \\ u_i^\psi(t) \\ u_i^\gamma(t) \end{bmatrix} \qquad (2-1)$$

其中,x_i、y_i、z_i、v_i、ψ_i、γ_i 分别对应于飞行器 i 的三轴坐标、航行速度、偏航角度和俯仰角。在飞行动力学限制下,$v_i(t)$ 表示飞行器空速,一般取定值;$\psi_i(t)$ 范围为 $[-\pi, \pi)$;俯仰角 $\gamma_i(t)$ 则与飞行器性能有关;$u_i^v(t)$、$u_i^\psi(t)$、$u_i^\gamma(t)$ 分别为以上三个变量的对应控制输入量。由飞行机动性能限制,控制输入需要满足 $|u_i^v(t)| \leqslant u_{\max}^v$、$|u_i^\psi(t)| \leqslant u_{\max}^\psi$、$|u_i^\gamma(t)| \leqslant u_{\max}^\gamma$,在存在最大转弯控制输入的情况下,飞行器的最小转弯半径是 $R = v_{\min}/u_{\max}^\psi$。针对任务配置和着重点的不同,有时需要对该模型进行一定的简化,使其更方便和适合任务特点,在搜索问题中,一般忽略高度变化,设定所有飞行器均飞行在同一个高度内,即 $z_i \equiv$ 常数,$\gamma_i \equiv 0$。对于协同搜索问题,模型可以简化如下:

$$
\begin{bmatrix} \dot{x}_i(t) \\ \dot{y}_i(t) \\ \dot{v}_i(t) \\ \dot{\psi}_i(t) \end{bmatrix} = \begin{bmatrix} v_i(t)\cos\psi_i(t) \\ v_i(t)\sin\psi_i(t) \\ u_i^v(t) \\ u_i^{\psi}(t) \end{bmatrix} \qquad (2-2)
$$

通常在飞行器协同搜索控制仿真中,控制输入不是时时刻刻在进行输入的,一般选取一定的控制间隔 ΔT 作为控制周期,从而获取到控制输入的离散时间序列。对连续时间模型离散化处理,即在 k 时刻,控制周期 $[k,k+\Delta T]$ 内的输入是不变的,例如记 $u_i^v(t)$ 为 $u_i^v[k]$,则离散化的直线恒速运动可以表示为

$$
\begin{cases} x_i[k+1] = x_i[k] + \dot{x}_i[k] \cdot \Delta T \\ y_i[k+1] = y_i[k] + \dot{y}_i[k] \cdot \Delta T \\ \psi_i[k+1] = \psi_i[k] \end{cases} \qquad (2-3)
$$

离散化的情况下,设飞行器状态向量为 $\boldsymbol{X}_i[k] = (x_i[k], y_i[k], \dot{x}_i[k], \dot{y}_i[k])^{\mathrm{T}}$,则匀加速直线运动可以表示为

$$
\boldsymbol{X}_i[k+1] = \boldsymbol{A}_1\boldsymbol{X}_i[k] + \boldsymbol{B}_1(u_i^v[k] \cdot \cos\psi_i[k], u_i^v[k] \cdot \sin\psi_i[k])^{\mathrm{T}} \qquad (2-4)
$$

其中

$$
\boldsymbol{A}_1 = \begin{bmatrix} 1 & 0 & \Delta T & 0 \\ 0 & 1 & 0 & \Delta T \\ 0 & 0 & 1 & 0 \\ 0 & 0 & 0 & 1 \end{bmatrix}, \quad \boldsymbol{B}_1 = \begin{bmatrix} \dfrac{1}{2}(\Delta T)^2 & 0 \\ 0 & \dfrac{1}{2}(\Delta T)^2 \\ \Delta T & 0 \\ 0 & \Delta T \end{bmatrix}
$$

由于目前 UAV 协同搜索问题中,大部分的研究都是将飞行器活动区域进行网格化处理,使得飞行器在一个飞行决策周期中只能从一个网格中心飞到相邻的网格中心,将该问题转化为了有限解寻优的问题。图 2-1 所示为网格化区域示意图,在不考虑障碍和机动性能的情况下,飞行器周围的八个网格可以作为决策解;若飞行器为固定翼且需要考虑如转弯半径等动力性能限制,则其可行解缩小为三个网格。通过选定适当的任务指标和决策方法,该方法能够简便易行地实施搜索任务,并保证满足任务需求。

除此之外,部分研究成果没有采用上述方法。例如搜索问题中的 Z 字形搜索和随机搜索,在该方式下飞行器是连续运动的,根据决策函数决定未来的位置以及航向。网格化处理的方法虽然将运动的可能趋势进行了“量化”,但是其规划的航迹不够平滑,需要进行路径平滑才能适合飞行。在本书的协同搜索和协同跟踪问题解决中,都采用连续运动模型进行解决。虽然在第 3 章协同搜索中引入了搜索图来对任

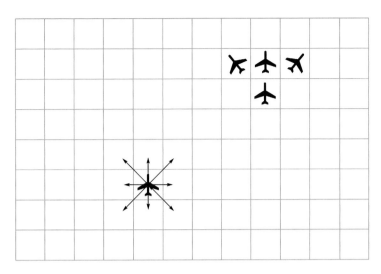

图 2-1 网格化区域

务区域网格化,但是搜索图仅仅用来表示空间一定位置的状态,实际的搜索中飞行器的飞行依然是连续的。

2.2.2 传感器探测模型

飞行器机载传感器的种类多种多样,包括红外成像、光电感应和数字相机等,作为飞行器的"眼睛",其主要用来对任务区域实行环境探测、目标搜索等任务。随着相关技术的进步,越来越多的传感器设备被应用于飞行器上。

在搜索和跟踪任务中,飞行器通过传感器获取一定范围内的信息,通过对多个飞行器的信息进行综合对比,既能减小探测误差,又能根据实时态势引导飞行器实施相应机动,由于不同的传感器涉及的工作原理差异巨大,故本书对其进行一定的简化假设:

① 假定飞行器的传感器探测效果不受光照影响和其他干扰,其探测效果仅与探测距离和探测范围有关。

② 假定飞行器通过传感器能够直接对探测范围内的障碍和目标获取其状态信息,如位置、速度、大小,但是获取的信息不完全准确。

③ 假定飞行器的机载传感装置能够根据任务或者感知的需要进行一些转动操作。

在许多研究文献中,都是将任务区域进行网格化处理,在该前提下,将传感器的感知区域视为能够填充单个网格的圆形,一种典型的飞行器探测区域示意图如图 2-2 所示。

这种方式虽然在仿真计算上能够做到一次感知一个完整的网格,但是过多地简化了传感器实际探测中的情况,因此需要对其进行重分析和重建模。

　　传感器探测模型是飞行器执行任务的基本要素之一,作为飞行器的"眼睛",它表示的是飞行器对一定范围内的环境和目标的感知和发现的关系。实际上,传感器的探测效果是多个参数共同影响的结果,包括飞行的姿态、性能及其安装方式。其中,主要考虑其空间高度 H、探测范围的最大半径值 $R_{s\max}$、左右偏转角 β_s、俯仰角 φ_s 和安装角 α_s 等。假设飞行器在恒定高度上进行机动,忽略飞行器滚转机动的影响,其感知区域范围如图 2-3 所示。

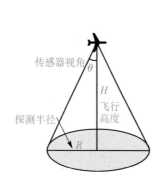

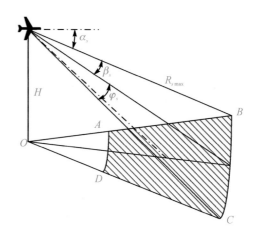

图 2-2　一种典型的飞行器探测区域示意图　　**图 2-3　传感器感知区域范围的示意图**

　　假定在这里忽略俯仰角 φ_s 的影响,传感器感知探测范围的径值 d 可以表示为

$$d = 2H \frac{\tan \beta_s}{\tan \alpha_s} \tag{2-5}$$

　　若考虑俯仰角变化的影响,则 d 可以近似表示为

$$2H \frac{\tan \beta_{s\max}}{\tan(\alpha_s + \varphi_{s\max})} \leqslant d \leqslant 2H \frac{\tan \beta_{s\max}}{\tan(\alpha_s - \varphi_{s\max})} \tag{2-6}$$

　　假如仅仅给定了 $R_{s\max}$ 的值,则 d 可以表示为

$$d = \sqrt{2} R_{s\max} \sqrt{1 - \cos(\beta_{s\max})} \tag{2-7}$$

　　将飞行器在二维平面进行投影,以其投影点作为坐标轴的原点,飞行速度方向设为 x 轴,将平面内 x 轴逆时针旋转 $90°$ 的方向定义为 y 轴正向,则在图 2-4 中,假如存在目标点 $T(x, y)$ 位于范围 $ABCD$ 内,则

$$\begin{cases} \sqrt{x^2 + y^2 + H^2} \leqslant R_{s\max} \\[2mm] \arcsin \dfrac{|y|}{\sqrt{x^2 + y^2 + H^2}} \leqslant \beta_{s\max} \\[2mm] \alpha_s + \varphi_{s\max} \leqslant \arctan \dfrac{x}{H} \leqslant \alpha_s + \varphi_{s\max} \end{cases} \tag{2-8}$$

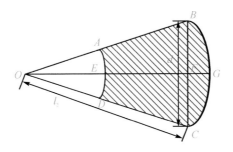

图 2 - 4　探测范围水平视图

接下来考虑传感器的性能。实际情况中,传感器性能受到多种因素的共同影响,主要有目标发现概率 P_D、虚警概率 P_F(没有目标但传感器显示检测到目标)、探测半径 R_s 等因素。

图 2 - 5 表示的是三种不同的探测概率随距离变化的示意图,从图中可以看出,图 2 - 5(a)将模型理想化处理,只要处于探测范围内的目标和环境情况信息都能被完全获取,范围外的信息则完全没有感知,此时 $P_D=1$,$P_F=0$;而图 2 - 5(c)将探测概率和距离表示成反比例关系,距离增大,探测概率变小,虚警概率增加,超出范围后有较小的可能感知到目标;图 2 - 5(b)则在一定程度上综合了另外两个模型的优点,在一定距离范围内,目标探测概率 $P_D=1$,超出一定范围则二者成反比例关系,超出最大探测距离则有较小的概率探测到目标,但视为虚警目标,概率变为 P_F。由于虚警概率即使在目标距离飞行器较近的情况下也是存在的,因此,本书采用一种图 2 - 5(b)的改进方式进行研究,其模型可表示为

$$p(b(k) \mid d_k) = \begin{cases} P_D, & d_k < d_1 \\ P_D - \dfrac{(P_D - P_F)(d_k - d_1)}{d_2 - d_1}, & d_1 \leqslant d_k \leqslant d_2 \\ 0, & d_k > d_2 \end{cases} \qquad (2-9)$$

其中,$p(b(k) \mid d_k)$ 表示在 k 时刻的目标发现概率,$b(k)=\{0,1\}$ 为布尔型变量,

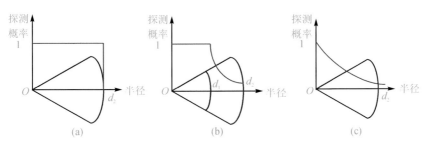

图 2 - 5　三种传感器探测概率示意图

$b(k)=1$ 表示发现目标,$P_D\in(0,1)$,即虽然 $d_k<d_1$,但是探测概率并不是 100%,d_k 表示水平面上飞行器和目标的距离,为了后续研究的方便,探测半径均表示探测半径 R_{smax} 在水平面上的投影半径值,记该值为 $R_{tect}=d_2$。

2.2.3　任务环境建模

　　单个或多个飞行器在任务区域执行某项任务,通过传感器实时感知局部环境信息,并以此为根据制定决策,因此环境的建模显得十分重要。由于飞行器的飞行环境是三维空间,在环境的建模中,本书主要考虑了三维空间中目标、动静态威胁、障碍(或禁飞区)、其他飞行器、已探测区域的动态变化(环境动态信息)等的影响。环境模型表示的是飞行器对当前状态下的环境认知水平,环境的时变性对协同搜索和跟踪问题都有较大的负面影响。因此,多飞行器协同搜索和跟踪问题的研究离不开环境的建模。本节分目标模型、障碍模型、环境动态信息模型三个模型进行论述。针对搜索和跟踪问题的特点不同,在后面相应的内容中会进行详细论述,这里仅作简要介绍。

　　协同搜索和跟踪问题对于任务收益的侧重点是不同的,协同搜索问题侧重于对环境的认知和目标的发现,因此目标搜索问题主要是在代价尽可能小的情况下尽量降低环境的不确定度并增大目标发现概率,而协同跟踪问题的侧重点在于尽可能地保持和目标在最优跟踪距离上,在避障机动时保证目标尽量不丢失。对于目标模型,任务区域中存在的目标类型繁多,相互之间的特点和属性都是不一样的。其中部分的属性是一成不变的,而部分的属性会随着时间的变化而发生改变,主要考虑目标坐标、机动方位、速度变化等特征。

　　假定三维空间中,存在一点目标 $P(\text{target})=(x_t,y_t,z_t)\in\mathbf{R}^3$,则 k 时刻的下一时刻,其位置的离散表示为

$$P_{k+1}(\text{target})=P_k(\text{target})+\Delta P \qquad (2-10)$$

其中,增量 ΔP 表示在目标速度下单位时间内的位移增加量。将目标设想为随机运动,在该模式下目标沿任意方向运动的概率是恒等的,且速度大小也是随机变化的,而这是不符合大部分的目标的运动规律的,因此,这是考虑目标的运动速度 v_t 和角速度 ω_t 满足:

$$\begin{cases} v_t\in[v_{t,\min},v_{t,\max}] \\ \omega_t\in[\omega_{t,\min},\omega_{t,\max}] \end{cases} \qquad (2-11)$$

　　由式(2-11)可知,目标可以做恒速直线运动、变速曲线运动等机动,且在动力学约束下,更符合真实目标运动轨迹。

　　接下来考虑障碍模型。三维空间中,障碍物大小通常是不规则的,且根据其运

动特性,分为动态障碍和静态障碍。根据其形状,主要分为凸形障碍和凹形障碍。凸形障碍表示利用规则对称图形(如正方体、球体等)进行包络后其大小和原障碍大小近似的障碍;而凹形障碍则表示规则图形包络后远大于原障碍大小的障碍,例如 U 形障碍、L 形障碍。为了研究方便,本书考虑的均为凸形障碍。

在协同搜索问题中,相对于搜索范围,飞行器高度变化可以忽略,通常是假定搜索位于同一平面,即忽略了高度维,因此障碍可以将其在水平面上的投影作为障碍来考虑,而对于协同跟踪问题,就需要考虑高度变化对于跟踪问题的影响。

接下来考虑环境动态信息模型,协同跟踪问题中,仅需要考虑环境中需要跟踪的目标和可能发生碰撞的障碍信息,对于其他区域的环境动态信息不必进行获取。环境动态信息模型主要是用来进行协同搜索任务的,在该任务中,飞行器通过机动来不断降低对于环境的不确定度,同时根据环境中各处的目标存在概率向更可能发现目标的方向机动。对于环境动态信息的建模,考虑引入搜索图来表示,对于任务区域 E,离散化为 $L_x \times L_y$ 个大小相等的网格,对于任意网格 (m, n)($m \in \{1, 2, \cdots, L_x\}$, $n \in \{1, 2, \cdots, L_y\}$),根据有无先验信息可以对其进行初始化,飞行器在搜索中将一定范围内的网格值进行更新,考虑环境的动态性,没有被覆盖的网格的数值则会随着时间发生衰减或增加。搜索图的区域网格化处理只是用来描述某时刻空间状态的,与 2.2.1 节中飞行器连续运动模型并不冲突,在实际的搜索中,基于决策信息,飞行器在任务区域连续运动,同时更新一定范围内的搜索图信息。具体的搜索图模型会在第 3 章详细论述,此处不再赘述。

2.2.4　体系结构

一个合适的控制体系结构能够大幅增加 UAV 协同的整体效能,多个 UAV 之间可以相互协同,MAV/UAV 之间也可以协同。目前,常用的体系结构主要有集中式、分布式、递阶式和集散式四种结构(见图 2-6)。这四种结构各自的优缺点十分明显。

(1) 集中式结构

集中式的结构通过一个核心主机来把握全局态势,主机决策权限高于其他飞行器,负责其他从机的指令下达和控制,并负责求出系统的最优机动策略。该结构的优点是协调性能良好、相互间冲突小,但是其缺点是主机的运算负载较大,一般的 UAV 性能在多 UAV 协同时难以应付,且系统鲁棒性差,一旦作为主机的 UAV 故障会导致系统的瘫痪失灵。

(2) 分布式结构

分布式结构中没有主从之分,每个飞行器既是主机也是从机,各飞行器根据态

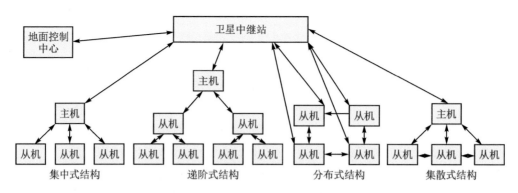

图 2-6   多飞行器协同控制体系结构

势自行决策,并能相互进行沟通,增强了系统的健壮性,容错性较高。但是当通信约束严格时,其性能比集中式差,且飞行器数量较多时,对通信量和 UAV 的自主水平要求更加严格。

(3) 递阶式结构

递阶式的结构则是以树状图的形式将飞行器进行分层,若干个飞行器由一架等级更高的飞行器控制,该方法容错性相比集中式有较大提升,但是主机对态势获取需要经过多重通信,通信延迟较大。同集中式一样,一旦上层 UAV 故障,其控制的下层 UAV 会全部失控。

(4) 集散式结构

集散式的结构则综合了集中式和分布式的优点,兼具鲁棒性和灵活性。但是相比于其他方法,其结构明显更加复杂,实际中实现的难度比较大,且要求 UAV 具备较高的自适应性,这在当前的发展阶段是无法满足的。

集中式的容错率虽然较差,且中央主机的负载较大,但是相比于多 UAV 协同,MAV/UAV 协同中一般协同规模较小,由于加入的 MAV 的高智能决策,能够大大提升对态势的感知和获取能力,提升任务效能。同时,由于 MAV 的机载设备性能远远好于 UAV,常规 UAV 无法承担的负载 MAV 可以轻松完成。在集中式结构下,对于 UAV 的自主能力要求降低,现有的 UAV 水平完全能够胜任。且以 MAV 为主机,能够将控制中心从地面移到空中,缩短了从态势获取到决策的时间间隔。

假设 $x(k+q|k)$ 和 $u(k+q|k)$ 表示 k 时刻预测的 $k+q$ 时刻的系统状态和输入,则在该时刻 N 步预测状态为 $X(k)$,控制输入为 $U(k)$,记该段时间内,系统的综合指标可以记为

$$J(X(k),U(k)) \triangleq \sum_{q=0}^{N-1} J(x(k+q \mid k),u(k+q \mid k)) \qquad (2-12)$$

则其集中式结构下的滚动优化模型(Centralized MPC,CMPC)为

$$
\begin{cases}
U^*(k) = \operatorname{argmax} J(X(k), U(k)) \\
\text{s. t.} \begin{cases}
x(k+q+1 \mid k) = f(x(k+q \mid k), u(k+q \mid k)), q=0,1,\cdots,N-1 \\
x(k \mid k) = x(k) \\
G(X(k), U(k)) \leqslant 0
\end{cases}
\end{cases}
$$

$$(2-13)$$

其中,N 为预测域长度,$U^*(k)$ 为最优控制序列,$G(X(k),U(k)) \leqslant 0$ 为约束。在 k 时刻,$U^*(k)$ 的第一步决策被执行,并规划新的决策序列。

除了 CMPC 之外,部分文献提出了 DMPC 方法,每架飞行器可以根据自身局部的信息进行滚动优化,并通过相互沟通获取其他飞行器的决策信息,对自己的决策进行重新调整,其结构如图 2-7 所示。

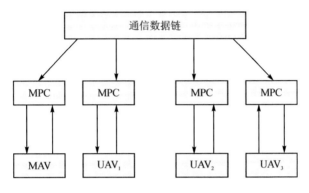

图 2-7　DMPC 系统结构

可以知道在 DMPC 结构下,每架飞行器都是相互独立的。系统的综合指标满足:

$$
J(X(k), U(k)) = \sum_{i=1}^{N_s} J_i(X_i(k), U_i(k), \widetilde{X}_i(k), \widetilde{U}_i(k))
$$

其中,J_i 表示第 i 架飞行器的综合指标,$\widetilde{X}_i(k)$,$\widetilde{U}_i(k)$ 分别表示近邻飞行器 N 步的预测和控制输入量,分别表示如下:

$$
\begin{cases}
\widetilde{X}_i(k) = X_j(k) \mid_{j \neq i, j \in N_n} \\
\widetilde{U}_i(k) = U_j(k) \mid_{j \neq i, j \in N_n}
\end{cases}
$$

其中,N_n 表示编号上和第 i 架飞行器近邻的飞行器构成的集合。如第 3 架飞行器的近邻为第 1、2 架飞行器。

第 i 架飞行器的局部 MPC 模型为

$$U_i^*(k) = \underset{U_i(k)}{\arg\max}\, J_i(X_i(k), U_i(k), \widetilde{X}_i(k), \widetilde{U}_i(k))$$

$$\text{s.t.} \begin{cases} x_i(k+q+1\mid k) = f_i(x_i(k+q\mid k), u_i(k+q\mid k)), \\ \qquad q = 0, 1, \cdots, N-1, i = 1, 2, \cdots, N_s \\ x_i(k\mid k) = x_i(k) \\ G(X_i(k), U_i(k), \widetilde{X}_i(k), \widetilde{U}_i(k)) \leqslant 0 \end{cases}$$

可以看出,单个飞行器的 MPC 内需要其他飞行器的信息交互,利用交互的信息可以调整自身控制决策,单个飞行器的 MPC 效能不如全局的 CMPC 好,但是相对来说规模更小,速度更快。

CMPC 的体系结构下,MAV/UAV 协同的数据流程图如图 2-8 所示。

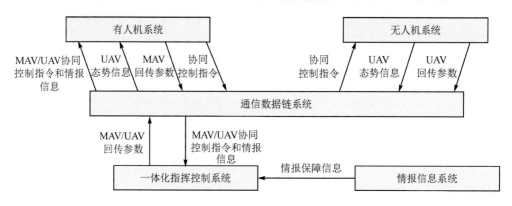

图 2-8　MAV/UAV 协同数据流程图

从图 2-8 中可以看出,MAV/UAV 协同过程中,其流程如下:

步骤 1:k 时刻,UAV 将所感知的态势信息(包括是否探测到目标,环境信息以及自身姿态信息等)利用数据链系统传递给 MAV 机载的一体化指挥控制系统;

步骤 2:指控系统根据获取的综合态势,根据任务指标或者收益(如 MAV 的受威胁程度、航迹代价、避障代价、目标发现收益等),解算出最优的协同控制指令;

步骤 3:将决策信息以任务图的形式反馈给 MAV 飞行员,获取飞行员授权;

步骤 4:得到授权或飞行员对任务分配进行更改后,将计算或重新计算的指令通过数据链回传给各 UAV;

步骤 5:UAV 按照指令飞行并判定是否有新指令加入和任务是否完成;

步骤 6:若任务已完成或有新指令,则返回步骤 1。

在研究中,提出如下几点假设:

① 假设在 MAV/UAV 相互之间的信息传递中,数据链通信是准确且没有延迟的,其带宽能够保证指令在下一时刻前传达到且传输时间忽略为零,但是存在通信次数

限制；

② 忽略操作员在步骤 3 中对态势和规划决策的思考时间和重规划时参数输入和完成授权花费的时间；

③ 假设协同机群规模造成的操作复杂度和重规划对操作员正常操作 MAV 的影响处于正常范围。

由于 MAV/UAV 协同的硬件实现以现阶段的研究水平无法完成，因此从理论和仿真水平进行研究，为了在理论层面实现 MAV 和 UAV 的交互，利用 MATLAB 中的图形用户界面（GUI）进行表示，GUI 采用图形化的界面，根据需要可以添加输入、输出、文本和按钮等控件，有助于更直观地表示交互过程。在该界面，可实现规划结果的显示，根据该结果 MAV 操作员可实现重决策信息的输入和授权，同时也能做到实时航迹信息的显示。

2.3　本章小结

本章针对协同搜索和跟踪问题的相关问题进行了研究。首先，针对问题建立飞行器模型、传感器探测模型和任务环境模型等要素，并针对搜索和跟踪任务的侧重点不同进行了分析；其次，针对几种体系结构进行了对比分析，并阐述了各结构的优缺点，研究了集中式结构下的模型预测控制优化模型；最后，针对 MAV/UAV 协同决策流程进行了研究，并对基于图形用户界面的交互方式进行了论证说明。

第3章 有人机/无人机协同搜索研究

3.1 引 言

复杂的动态区域中存在着不同的目标和各种各样的障碍,通过搜索可以获取环境中的信息从而为搜索提供依据,由于故障率、环境变化和性能限制等因素的存在,单个飞行器执行搜索任务对于情报信息的获取显得杯水车薪。因此多飞行器协同执行任务就成为了必然。

目前,协同搜索主要有覆盖搜索和随机搜索两种方式。覆盖搜索是对任务区域进行全面的地毯式搜索,其优点是搜索覆盖率高,对静态目标的搜索没有遗漏,但其缺点是动态目标容易被遗漏。而随机搜索则是根据当前态势,向着目标发现概率高的区域或环境确定度低的区域搜索,对已搜索的区域能进行重复搜索,但是在该方式下可能存在部分区域未被搜索到的情况。由于存在障碍和突发情况,多 UAV 在协同搜索时会出现反应不及时的情况,因此考虑有人机(Manned Aerial Vehicles,MAV)与多架 UAV 协同的联合搜索,这样不仅将控制中心移到了任务区域,缩短了反应时间,而且能够通过 MAV 对多架 UAV 的控制,克服其自主水平低的弊端,提升任务效能。

3.2 搜索方法对比

常用的搜索方法包括以下几种:

① Z 字形搜索算法。Z 字形搜索算法又称为扫描线搜索算法,该算法采用一架或者多架飞行器沿着任务区域的一条边开始进行覆盖式搜索,在任务区域外进行转向。多架飞行器协同搜索时,相互之间的间隔为飞行器传感器探测半径的两倍。使用该方法能够完成对区域的完全覆盖搜索,但是无法对已搜索过的区域进行二次搜索。

② 随机算法。在随机算法下,飞行器每次沿着随机方向飞行一段距离,由于该方法不考虑搜索收益,因此多飞行器共同搜索时相互间缺少协同。

③ DMPC 方法。DMPC 方法基于飞行器相互间运动相对独立的特点,利用飞

行器之间的相互通信不断交换信息,调整自身控制输入,从而达到一定的搜索效能,该方法对通信要求较高。

主要通过以下指标来衡量搜索方法的优劣:

① 平均区域覆盖率,即飞行器协同过程中,已经搜索过的区域面积比例随时间的变化趋势。为了增强可信性,可利用多次仿真结果的平均值进行比较。

② 平均目标探测数量,即在相同条件下,对区域进行搜索所发现的目标数量的平均值。

③ 目标发现概率。搜索图中的目标发现概率越大,表明该处发现目标的可能性越高。

3.3 Z 字形搜索

搜索一个区域时首先要将任务区域规划出来,可以将任务区域表示成一个矩形,方便路径的规划,而 Z 字形规划方法是一条可行的路径规划方式,其是以直线飞行为主,方便简单并且易于控制,唯一要考虑的是直线转弯是否能以最小转弯半径进行。

一般情况,无人机飞行侦察搜索有两种方式(见图 3 - 1),一种是横轴搜索,另一种是纵轴搜索。要考虑无人机在飞行过程中路径最短,转弯次数最少,所以在执行搜索任务时要根据搜索区域实际情况判断搜索方向,从而指定最优方案。

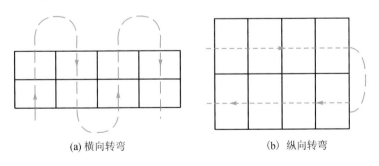

(a) 横向转弯   (b) 纵向转弯

图 3 - 1 横向和纵向转弯示意图

在直线飞行过程中,无人机自身携带的侦察设备会在其下方产生一个具有一定宽度的搜索覆盖面,当一个覆盖面搜索完成时就要进行转弯进入下一个覆盖面,这个过程就称为面间转移。将这个面的宽度设定为 d,当无人机在转弯过程中最小转弯半径小于或者等于宽度 d 的一半时,无人机可以完成转弯且不会在两个面间留下空隙;如果大于 d 的一半,那么就会有空隙产生,如图 3 - 2 所示。

与一般的地面侦察用机器人不同的是,无人机是在空中侦察,具有三维空间的

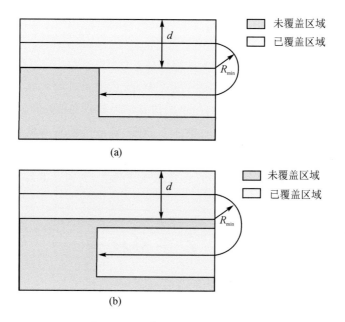

图 3 - 2　两个间隔带的转弯过程

特点。影响无人机侦察结果的因素有多种,其中主要有:无人机飞行高度以及相对于实际目标方位的角度;侦察环境是否有利于无人机开展侦察搜索任务;无人机侦察设备放置的位置及角度。而在研究这些问题对无人机侦察所造成的影响时,通常会做出一系列假设:

①　将无人机作为一个质点;

②　假设无人机在运动过程中的运动状态保持不变;

③　无人机飞行高度与待侦察区域地形起伏所导致的高度变化可忽略不计。

图 3 - 3 所示为无人机在执行侦察搜索任务过程中的各位置角度示意图。从图中可以看出,圆 M 代表无人机模型,h、α、v 分别代表无人机的飞行高度、迎角和速度;E 代表无人机在实时飞行过程中在地面的投影;O 代表无人侦察机搜索设备;$ABCD$ 表示的是无人机所侦察的地域;AB、CD 代表的是侦察区域近边和远边。利用图形来模拟无人机侦察流程可以更加清楚地看出航路规划的优点。

无人侦察机主要的功能是对指定目标进行侦察搜索,在指定的区域内只有进行全覆盖的侦察才能最大可能地发现目标。

图 3 - 4 表示的是在常规环境下无人机以半圆形方式进行转弯的过程。在这个过程中无人机侦察的区域用 $ABCD$ 围成的区域来表示;从 F 到 H 的虚线段用来表示无人机侦察设备所搜索的直线路径;ω 表示的是从上一个搜索面转到下一个面的宽度,也就是相邻两搜索面的宽度。当无人机想要进入下一区域搜索时,通过直角

转弯是很难到达的,所以只能通过常规式的半圆转弯多飞行一个半圆才能进入,多飞行的这段距离可以用 $d+\pi r$ 来计算。

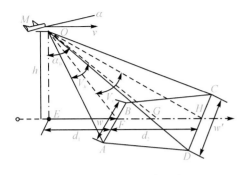

图 3-3　无人机侦察示意图

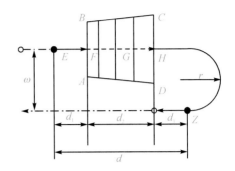

图 3-4　无人机常规式转弯过程

3.4　MPC 搜索的问题描述及建模

MAV/UAV 协同搜索的具体描述如下:在存在一定先验知识或完全未知的区域内,存在着 N_T 个目标或 N_W 个威胁障碍,MAV 和 UAV 协同搜索任务区域,通过花费较少的代价,降低环境不确定度,并尽可能多地发现目标。

3.4.1　有人机/无人机协同搜索过程

MAV/UAV 协同搜索面对的是未知的动态环境。在搜索时,MAV/UAV 要根据已探测的实时态势,在线规划搜索方向,共同实施区域的搜索。由于环境的动态变化和目标的可运动性,MAV/UAV 需要更高的环境适应能力。MPC 方法在一定范围内考虑了对未来运动的预测。由于 MAV 对 UAV 具有决策权和控制权,且机载设备性能优于 UAV,因此利用集中式结构进行控制和规划。同时在搜索前期和正常的搜索过程中,较大的时间域步长 N 能够预测更大的范围,但是其精度相对较低,而在探测到目标或者遇到障碍威胁的情况下,需要一个较高的精度来感知目标和躲避威胁,因此用较小的步长来确保较大的精度。根据以上要求,制定了基于变步长 CMPC(Variable Steps CMPC,VCMPC)的协同搜索过程,如图 3-5 所示。

由于飞行器受搜索能力的限制和环境的动态变化性,且环境和目标均具有一定未知性,因此协同及决策十分困难。这时候就需要融入 MAV 的智能控制。

在每个时刻 k,MAV/UAV 的协同搜索过程可以通过下面三个步骤描述:

① 当前时刻进行状态预测;

② 根据任务指标在线进行决策;

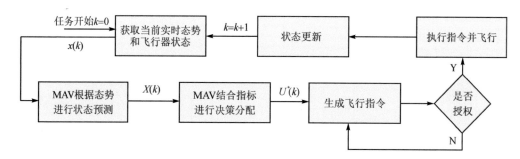

图 3-5　基于变步长 CMPC 的 MAV/UAV 协同搜索过程

③ 航路的预设计。

其中,步骤①主要根据当前时刻飞行器的状态以及模型,预测时间域 N 范围内的状态,从而求得状态 $X(k)=\{x(k+1|k),x(k+2|k),\cdots,x(k+N|k)\}$,在 VCMPC 方法下,搜索初期时间域 $N=N_n$,当感知到目标或者威胁时,其时间域 $N=N_t$;步骤②则是根据系统的性能指标(如发现目标概率最大、航迹最短等)来确定系统的最优控制输入,MAV 操作员对决策信息进行授权或者根据自身意图进行重决策生成新的控制输入 $U^*(k)=\{u(k|k),u(k+1|k),\cdots,u(k+N-1|k)\}$;步骤③则是将 $U^*(k)$ 的第一项作为实际控制输入引导飞行器协同执行任务,生成当前时刻的航迹。并在下一时刻重复上述步骤,采用滚动优化进行迭代更新,实现协同搜索。

3.4.2　搜索图模型

在协同搜索问题中,由于对环境的认知是未知的或者是具有一定的先验知识的,因此需要通过搜索逐步探索环境信息。由于环境的动态变化性和目标的可运动性,飞行器探索过的区域在一定时间间隔后环境的不确定度会逐步升高,因此采用搜索图表示任务区域内的状态。这里采用概率来表示环境状态及其动态变化过程。

首先,将任务区域 E 划分为 $L_x \times L_y$ 个离散化网格,对于每个网格 (m,n) $(m \in \{1,2,\cdots,L_x\}, n \in \{1,2,\cdots,L_y\})$,构建概率向量 $\boldsymbol{Q}_{mn}(k)=[\mathrm{Tar}_{mn}(k) \quad \mathrm{En}_{mn}(k)]$,其中,$\mathrm{Tar}_{mn}(k)$ 表示的是 k 时刻,网格 (m,n) 中目标存在可能性,$\mathrm{Tar}_{mn}(k)=1$ 表示可能性最大;$\mathrm{En}_{mn}(k)$ 表示的是 k 时刻,网格 (m,n) 中对于环境的确定程度,$\mathrm{En}_{mn}(k)=1$ 表示对该处环境信息完全了解。搜索图 $\mathbf{SM}(k)$ 表示为

$$\mathbf{SM}(k)=\{\boldsymbol{Q}_{mn}(k) \mid m \in \{1,2,\cdots,L_x\}, n \in \{1,2,\cdots,L_y\}\} \quad (3-1)$$

在搜索开始前可以通过对搜索图赋予不同的初始值表示对任务区域的先验知识,在搜索任务开始后,通过不断刷新搜索图来掌握任务区域的态势,2.2.2 节中考虑了传感器的感知不确定性的存在,此时搜索图中目标存在概率的更新公式为

$$\mathrm{Tar}_{mn}(k+1) = \begin{cases} a_t \cdot \mathrm{Tar}_{mn}(k) & \text{(未探)} \\ \dfrac{P_D \cdot \mathrm{Tar}_{mn}(k)}{P_F + (P_D - P_F) \cdot \mathrm{Tar}_{mn}(k)} & \text{(已探且 } b(k)=1) \\ \dfrac{(1 - P_D) \cdot \mathrm{Tar}_{mn}(k)}{1 - P_F + (P_F - P_D) \cdot \mathrm{Tar}_{mn}(k)} & \text{(已探且 } b(k)=0) \end{cases} \tag{3-2}$$

其中,a_t 为衰减系数,表示没有被感知到的搜索图网格的确定度的衰减速度,而如果某个网格被飞行器探测,则该网格的概率由目标是否存在决定。

除了目标存在概率,还有环境确定度 $\mathrm{En}_{mn}(k)$,通过对网格多次的感知,能够不断更新网格的环境确定度,公式为

$$\mathrm{En}_{mn}(k+1) = \begin{cases} a_e \cdot \mathrm{En}_{mn}(k), & (m, n) \notin \mathrm{SR} \\ \mathrm{En}_{mn}(k) + 0.6(1 - \mathrm{En}_{mn}(k)), & (m, n) \in \mathrm{SR} \end{cases} \tag{3-3}$$

其中,a_e 为环境衰减系数,表示没有被探测的网格的确定度衰减速度,SR 表示传感器的探测范围。

搜索图表示的是对任务区域内的环境和目标情况的认知,飞行器在飞行时,每一时刻的位置并不是固定在某一网格中心的,其状态方程为

$$x_i(k+1) = f(x_i(k), u_i(k))$$

其中,$x_i(k) = [P_i(k), \psi_i(k)]$ 表示第 i 架飞行器的位姿信息;$P_i(k)$ 表示第 i 架飞行器的位置(为任务区域内的任意点);$\psi_i(k)$ 表示第 i 架飞行器的航向,可以取满足 $|\psi_i(k) - \psi_i(k-1)| \leqslant \Delta\psi_{i,\max}$ 的任意值,$\Delta\psi_{i,\max}$ 表示最大偏航角。

在搜索图上,飞行器根据式(3-2)、式(3-3)更新周围的搜索图信息。

3.4.3 协同搜索收益指标

多飞行器对任务区域协同搜索时,其主要聚焦点在于发现更多的目标,提升环境确定度。影响协同搜索决策的指标一般有多个,依据指标权重的不同,任务收益 $J(X(k), U(k))$ 受其不同程度的影响,本节所讨论的指标主要有环境确定度增益 $J_E(k)$、目标发现概率增益 $J_T(k)$ 和操控代价 $J_C(k)$。

(1) 环境确定度增益

飞行器在任务区域飞行,通过传感器不断降低周围的不确定度,不断更新搜索图。在这里环境确定度增益 $J_E(k)$ 表示为在 $[k, k+N-1]$ 时域内环境确定度的增加量,即

$$J_E(k) = \sum_{m=1}^{L_x} \sum_{n=1}^{L_y} [\mathrm{En}_{mn}(k+N-1) - \mathrm{En}_{mn}(k)] \tag{3-4}$$

式中，$J_E(k)$表示在预测域结束时的全局环境确定度相比于当前时刻的确定度的增量。

（2）目标发现概率增益

目标发现概率增益$J_T(k)$表示飞行器当前控制输入到下次控制输入之间，发现目标的可能增益值，即$[k, k+N-1]$预测域内，飞行器探测过的面积SR_S内累计发现目标概率的总和。目标发现概率增益表示为

$$J_T(k) = \sum_{(m,n) \in SR_S} \text{Tar}_{mn}(k) \tag{3-5}$$

其中，$SR_S = \bigcup_{j=1}^{N} SR_{k+j-1}$，表示$[k, k+N-1]$时域内传感器扫过的面积。

（3）操控代价

飞行器在任务区域飞行，需要不断调整飞行方向来搜索目标，在这里，将控制代价表示为每次控制输入的偏转角的大小。操控代价$J_C(k)$表示为

$$J_C(k) = \sum_{j=1}^{N-1} |\beta(k+j) - \beta(k+j-1)| \tag{3-6}$$

综上可知，综合收益$J(X(k), U(k))$可以表示为

$$J(X(k), U(k)) = b_1 \cdot \bar{J}_E(k) + b_2 \cdot \bar{J}_T(k) - b_3 \cdot \bar{J}_C(k) \tag{3-7}$$

由于指标之间的量纲差异，因此需要进行标准化，$\bar{J}_E(k)$、$\bar{J}_T(k)$、$\bar{J}_C(k)$表示规范化后的指标。同时，权重因子b_1、b_2、b_3的取值表示任务中各项权重的不同，一般$b_1 + b_2 + b_3 = 1$。

3.5　MPC 搜索方法求解

MAV/UAV 协同搜索问题中，模型建立后需要对其进行优化求解。由于问题的求解属于非线性优化问题，常规方法不易进行求解，常利用遗传算法（Genetic Algorithm，GA）、PSO 等进化算法解决。其中，由于 PSO 并行性好、规则简单、收敛快，且没有"交叉""变异"等复杂的进化过程，相比于其他算法具有较大的优势。

PSO 通过为一群粒子赋予随机初值，然后不断进行迭代获取最优值。单个粒子表示的是一个可行解，在每次进化过程中，根据自身和全局的两个值来刷新自身，第一个极值是自身的最优解，一般被称为 pbest，另一个是全局最优解，一般被称作 gbest。根据任务的不同，每个粒子都要根据对应的目标函数求取适应度值，一般选择适应度值大的粒子作为较优解。粒子通过和 pbest、gbest 比较更新粒子群属性，实现不断地进化求解。在大部分问题的求解中，粒子数目为 10 即可取得较好的结果。

每个粒子在初始化时,也赋予其一个随机的速度来决定进化的快慢,在获取 pbest 和 gbest 后,粒子对速度和位置进行刷新:

$$v[] = w \cdot v + c_1 \cdot \text{rand}() \cdot (\text{pbest}[] - \text{present}[]) +$$
$$c_2 \cdot \text{rand}() \cdot (\text{gbest}[] - \text{present}[]) \qquad (3-8)$$
$$\text{present}[] = \text{present}[] + v[] \qquad (3-9)$$

其中,$v[]$ 是粒子的进化速度;w 是惯性因子,通常较小的权重侧重于算法的局部搜索能力,而较大的权重取值则有利于发挥粒子的全局搜索能力;present[]是当前粒子的位置;rand()表示随机产生的大小介于(0,1)的数;c_1,c_2 是影响因子,通常取 $c_1 = c_2 = 1.5$。

一个粒子代表一个可行解,因此,对于粒子的位置有一定的限制,同时粒子的每一维速度也有最大和最小速度限制,防止过快地收敛从而陷入局部最优。

利用 PSO 求解协同搜索问题,关键是如何建立粒子和变量之间的映射关系,由于一个粒子对应于一个可行的决策控制输入,因此粒子的结构如图 3-6 所示。

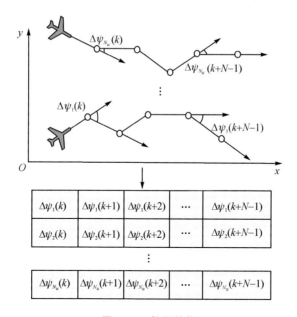

图 3-6　粒子结构

图 3-6 中,粒子是一个 $N_u \times N$ 的矩阵,N_u 表示飞行器数量,N 为预测域长度,其中的元素 $\Delta\beta_i(k+j)$ 表示第 i 架飞行器在 $k+j$ 时刻相对于上时刻速度方向的偏航角的增量。为了保证粒子的决策处于可行范围,需要满足:

$$\beta_{\min} \leqslant \Delta\beta_i(k+j) \leqslant \beta_{\max}, \quad i \in \{1,2,\cdots,N_u\}, \quad j \in \{1,2,\cdots,N\}$$
$$(3-10)$$

利用图 3-6 的粒子结构图,飞行器根据上时刻速度方向可以求出当前时刻速度方向,同时,粒子中的元素值即为飞行器的控制输入值,只要元素值满足式(3-10),即可满足最大偏转角等约束。

3.6　协同搜索仿真验证

本章关于协同搜索的仿真验证在 Windows 7 系统、安装 MATLAB 2014a 的计算机上进行。

首先给出仿真所需要的参数,假设任务区域为 30 km×30 km 的矩形区域,有一架 MAV 和两架 UAV 实施协同,为了更客观地对比方法之间的优劣,设定 MAV 和 UAV 动力参数相同,同时给出 PSO 算法和 VCMPC 的部分参数,如表 3-1 所列。

表 3-1　协同搜索参数

参　数	值	参　数	值
巡航速度	$v_m = v_u = 0.5$ km/s	全局最优影响因子	$c_2 = 1.494\ 5$
最大转弯角	$\psi_{max} = 70°$	粒子惯性权重	$w = 1$
探测半径	$R_{tect} = 1$ km	目标数量	$N_T = 3$
探测概率	$P_D = 0.9$	时间域	$N = N_n = 3N_t$
虚警概率	$P_F = 0.1$	种群规模	Pop = 10
目标概率衰减系数	$a_t = 0.98$	迭代次数	$Gen_{max} = 10$
环境确定度衰减系数	$a_e = 0.99$	指标权重因子	$b_1 = 0.4, b_2 = 0.4, b_3 = 0.3$
个体最优影响因子	$c_1 = 1.494\ 5$		

在任务区域内,给出 3 个静态目标,坐标分别为(21,5)、(15,15)和(2,20),为了对比算法的优劣,首先假设 MAV 不进行决策输入控制 UAV 飞行,仅根据系统决策结果飞行,下面对比 Z 字形搜索、DMPC、随机搜索和 VCMPC。

首先,对于 Z 字形算法,为了发挥算法的最优性能,设定飞行器从区域左下角出发向右飞行,其飞行航迹图如图 3-7 所示。

如图 3-8~图 3-18 所示,通过对比易知,在环境完全未知的情况下,Z 字形搜索方法、DMPC 和 VCMPC 方法覆盖了绝大部分的任务区域。在环境的确定度上,除了随机搜索方法外,其他三种方法也都保持了较高的环境确定度;但是在目标的确定度上,Z 字形对两个目标的确定度较高,而坐标为(2,20)的目标的确定度则不是很高,这与 Z 字形搜索是一次性搜索且传感器不确定性的存在有关,通过和周围目标确定度较低的环境区域进行对比易知,(2,20)处存在目标的概率较大,由于 Z 字形

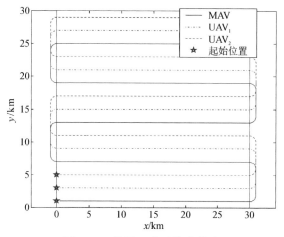

图 3-7　协同 Z 字形搜索航迹

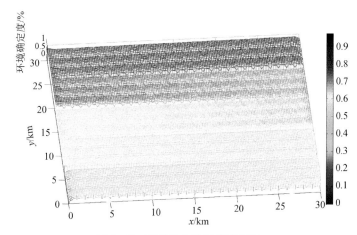

图 3-8　Z 字形方法环境确定度

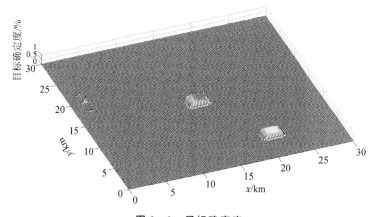

图 3-9　目标确定度

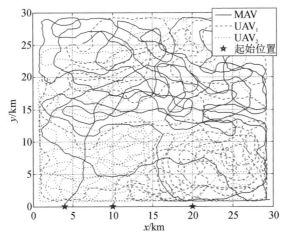

图 3 - 10　VCMPC 方法航迹图

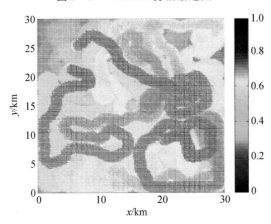

图 3 - 11　VCMPC 方法环境确定度

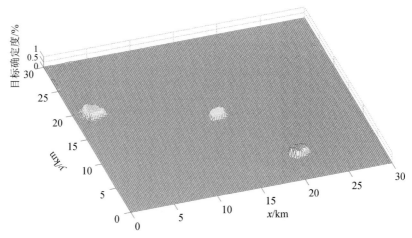

图 3 - 12　VCMPC 方法目标确定度

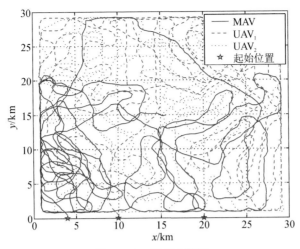

图 3 - 13　DMPC 航迹

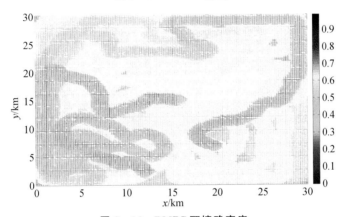

图 3 - 14　DMPC 环境确定度

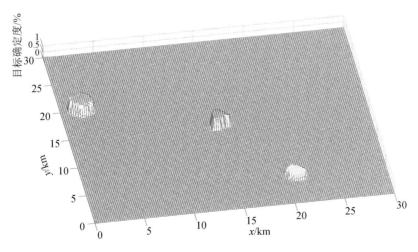

图 3 - 15　DMPC 目标确定度

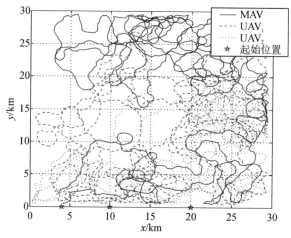

图 3 - 16　随机搜索航迹

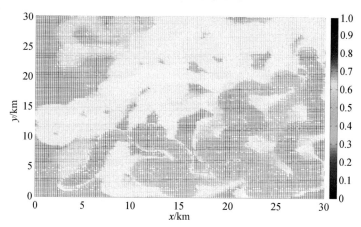

图 3 - 17　随机搜索方法环境确定度

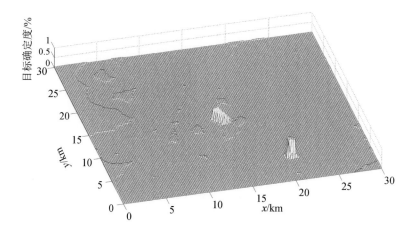

图 3 - 18　随机搜索方法目标确定度

搜索完成区域覆盖耗时较短,后面可以考虑采取转场二次重搜索的策略进行重点搜索或先 Z 字形搜索预搜索后再用其他方法搜索的策略。随机搜索由于缺乏目的性,造成在部分区域停留时间过长,浪费了搜索资源,在目标确定度上,仅以较低的概率发现了两个目标,DMPC 和 VCMPC 方法在环境确定度和目标确定度上的性能都表现良好。

图 3-19 表示在搜索过程中的覆盖率变化,任务初始时刻,Z 字形方法效率最高,VCMPC 和 DMPC 方法效率基本相同,100 s 以后,由于 VCMPC 方法全局特性较好,中后期覆盖率逐渐超过 DMPC。Z 字形方法除了转场时刻外,均能够在较短的时间内完成对区域的覆盖。

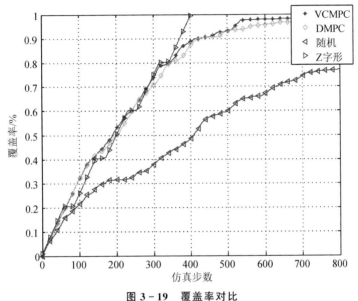

图 3-19　覆盖率对比

接下来对比 VCMPC 和 DMPC 方法。首先对比覆盖率,可以看出,在任务开始后,由于任务区域没有被搜索,两种方法的效率基本相同;之后,虽然在相互通信中飞行器之间可以相互协调,但是 DMPC 方法仅采用飞行器之间的协调,更多的是依靠局部环境信息做出决策。由于基于 VCMPC 方法的 MAV/UAV 协同搜索具有更好的全局把握能力,求得的解是全局最优解,后期在任务区域基本覆盖后能够对尚未覆盖的区域进行覆盖搜索,因此后期 VCMPC 效果好于 DMPC。在相同条件下,分别进行 20 次仿真验证,VCMPC 方法的平均覆盖率为 97%,而 DMPC 方法的平均覆盖率为 93%,VCMPC 方法优于 DMPC。

为了对比不同方法之间目标探测数量的差异,对 10 个固定目标和 5 个运动目标随机分布的情况分别进行 20 次仿真,统计利用不同方法发现的目标的平均数量,从表 3-2 可以看出,由于 Z 字形方法能够实现完全覆盖,该方法发现的静态目标的数量最多,为 9.7 个,VCMPC 效果次之,随机搜索效果最差;在动态目标上,随机方法依旧效率最低,而由于 Z 字形方法对于已搜索过的区域没有进行二次搜索,且目标的运动使其进入已探测过的区域从而躲避了搜索,因此 Z 字形搜索方法优于随机搜索,但是劣于 VCMPC 和 DMPC 方法,由于 VCMPC 方法在规划时能够考虑全局信息,能够更多地探测更广的区域,因此效果要好于 DMPC。在大多数情况下,对任务区域已有一定先验知识的前提下,动态目标的发现显得更加的重要。

表 3 - 2　平均发现目标数量

方　法	静态目标	运动目标
随机方法	6.9	1.9
Z 字形方法	9.7	2.5
VCMPC	9.5	4.1
DMPC	9.4	3.8

接下来进行 MAV 高智能决策下的 MAV/UAV 协同搜索仿真。仿真参数同表 3 - 1,图 3 - 20 为基于 GUI 的协同搜索交互界面。

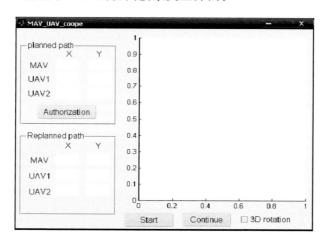

图 3 - 20　MAV/UAV 协同搜索交互界面

如图 3 - 21 所示,MAV 和两架 UAV 协同进行搜索任务,在 $t = 35$ s 时,系统根据实时态势所做的决策信息如左上角所示,MAV 操作员对 UAV2 的决策值进行了修改,UAV2 在机动飞向点(25,20)附近进行搜索,如图 3 - 22 所示。

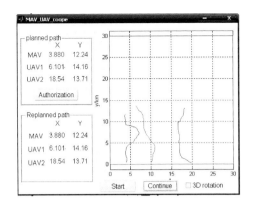
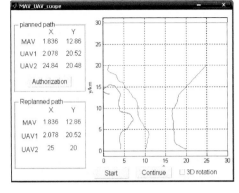

图 3 - 21 $t=35\ \text{s}$ 的航迹图   图 3 - 22   MAV/UAV 协同搜索航迹图

3.7   本章小结

本章研究了 MAV/UAV 协同搜索问题。首先,给出了几种常见的搜索方法,并对 Z 字形搜索方法及 MPC 搜索方法进行了具体描述,构建了包含环境确定度和目标发现概率的动态搜索图。其次,根据 MAV/UAV 协同搜索特点,设计了搜索收益指标,基于 VCMPC 进行优化决策,并利用 PSO 进行求解。最后,为了表明所提方法的优越性,利用 Z 字形方法、随机方法和 DMPC 进行对比,结果表明 VCMPC 性能优于其他三种方法。

第4章 基于双旋 Lyapunov 矢量场的避障算法

4.1 引　言

UAV 在任务空间进行机动飞行的过程中,由于传感器探测范围的限制和环境的动态变化性,动态和静态障碍的存在会侵犯 UAV 的航行轨迹,因此 UAV 需要根据探测到的障碍信息进行动、静态障碍规避机动。近年来,关于 UAV 避障算法的研究日益深入。由于 UAV 动力学性能的约束限制,其无法像机器人一样原地转向进行避障机动,因此,许多机器人避障算法很难推广适用到 UAV 的避障机动中。而由于 UAV 的机动速度较大,只有满足其动力学限制,这样才能确保 UAV 复杂环境下的生存能力的提升。目前,以 PSO 等为代表启发式算法虽然能够快速得到一条较优的全局路径,但是其规划的路径往往是不适合 UAV 飞行的,需要对其进行平滑处理。而以 Dubins 路径和 PH 曲线为代表的几何学方法虽然能够满足动力学约束,但是其对动态障碍的规避(Dubins 路径)和高效率(PH 曲线,需要计算 4 条曲线并选出最优曲线)无法同时满足。

针对此,本章以目标跟踪算法——Lyapunov 矢量场法为基础,提出了一种基于双旋 Lyapunov 矢量场(Bi - rotarion Lyapunov Vector Field, BLVF)的 UAV 避障算法。该方法在满足 UAV 动力学约束的前提下,引导 UAV 安全避过障碍,并顺利飞抵目标点。在保证避障的同时,该算法运算复杂度低,路径长度短,避障偏转角度小。根据探测到障碍物后有限时间内 UAV 和障碍的几何关系确定 UAV 是否需要进行避障机动,基于最小避障偏转角和最短路径原则选定 UAV 最优避障方向和矢量场的旋转方向。通过定义新的避障成功标准作为避障成功的判断标准,并通过建立的障碍物合并规则提升了避障效率,使得所提算法能适用于未知环境下在线避障。该方法对于 UAV 飞行安全性和飞行效率有十分积极的作用。

4.2 单个障碍避障模型的建立

在动态障碍和静态障碍存在的复杂环境下,UAV 在避障规划中需要考虑自身的机动性能约束下航迹的可飞行性,因此,UAV 存在最小转弯半径、空速范围等约束。假设 UAV 在飞行过程中,能够通过其内部的惯导装置、空速表等获取其运动空间位置 $P(\text{UAV}) = (x_u, y_u, z_u)$ 和速度 V_0,并根据加速度计综合计算自身转弯角速率和半径,且由于机载探测设备和摄像头功率限制,UAV 能够获取一定范围内环境和障碍的信息,例如障碍位置 $P(\text{obstacle}) = (x_b, y_b, z_b)$、半径 R_{obs} 和速度信息 V_b。由于 UAV 的运行环境是三维空间 $C_{3d} = (x, y, z) \in \mathbf{R}^3$,飞行高度较高且自身具有一定的高度保持能力,因此忽略其 z 轴机动,仅仅考虑二维平面上的偏航机动,则 UAV 运动学模型可表示为

$$\begin{cases} \dot{x} = V_0 \cdot \cos(\alpha) \\ \dot{y} = V_0 \cdot \sin(\alpha) \\ \dot{\psi} = \omega \end{cases} \tag{4-1}$$

其中,α 为 UAV 速度 V_0 和坐标轴横轴正方向的夹角,ω 为其转弯角速度。设 UAV 在飞行过程中,速度大小不发生变化,即只通过改变速度方向改变其运动轨迹。由于 UAV 机动性能约束,其存在转弯角速度限制。速度 V_0 和转弯角速度 ω 需要满足条件:

$$\begin{cases} |V_0| = v_{\max} \\ |\omega| \leqslant \dfrac{v_{\max}}{R} \end{cases} \tag{4-2}$$

其中,ω 以逆时针旋转为正,顺时针旋转为负;转弯半径 R 的取值范围为 $[R_0, +\infty]$;速度大小 $v_{\max}$ 和最小转弯半径 R_0 取决于 UAV 自身的性能。

　　对于障碍物模型的建立,由于非结构化环境下,障碍物形状不够规则,因此需要对其进行规范化处理。在这里考虑障碍物外接圆作为规范化后的障碍物的范围,同时,由于 UAV 自身尺寸不能忽略,为了方便研究,在这里将 UAV 当作只有速度、没有大小的质点考虑,并对规范化后的障碍物外接圆适度"膨胀化",以一定安全距离的新的半径作为安全圆,即 UAV 处于安全圆范围以外时,其飞行视为安全的飞行。

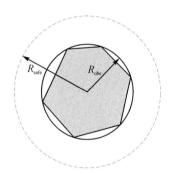

图 4-1　障碍物模型示意图

　　图 4-1 为规范化后的障碍物模型示意图。

　　设障碍物坐标为 $\text{Pose}(P(\text{obstacle}), R_{\text{safe}})$,$P(\text{obstacle}) = (x_0, y_0)$ 为障碍物外接圆的几何中心,R_{safe} 为障碍物外接圆半径,R_{obs} 为膨化后的安全圆半径,则障碍物的禁飞区可表示为

$$\Gamma(x,y)=\left(\frac{x-x_0}{R_{safe}}\right)^2+\left(\frac{y-y_0}{R_{safe}}\right)^2>1 \qquad (4-3)$$

假设任务空间有 N_o 个障碍,则飞行区域可表示为

$$C_{safe}=\{(x,y)\,|\,\Gamma(x,y)>1,\forall i=1,2,\cdots,N_o\}$$

设 UAV 从起始点飞行到目标点的飞行时间为 T,则一次安全的飞行中,UAV 和障碍需要满足:$\forall t\in(0,T]$,$\mathrm{Dist}(P_t(\mathrm{UAV}),P_t(\mathrm{obstacle}))\geqslant R_{safe}$ 恒成立。

4.3　基于 Lyapunov 矢量场的避障算法

4.3.1　避障判定

UAV 在任务空间飞行时,利用其机载的传感器能够实时获取一定范围内的环境信息,设 UAV 传感器探测半径为 R_{tect},当其探测到障碍物时,几何位置关系如图 4-2 所示。

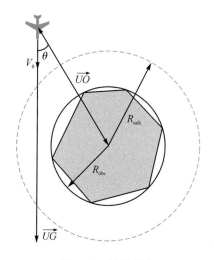

图 4-2　避障判定

根据图 4-2,当 UAV 在飞行时探测到一静态障碍,UAV 和障碍的位置矢量为 $\overrightarrow{UO}$(以 UAV 位置为起点,障碍物中心位置为终点,如无特殊说明,此后类似矢量表示方法均同此),其 2 范数为 R_{tect},UAV 和所要抵达的目标的位置矢量为 $\overrightarrow{UG}$,θ 为速度 V_0 和 $\overrightarrow{UO}$ 的夹角。定义是否需要避障的判定式为

$$\varphi(t,V_0,\theta)=\begin{cases}1, & R_{tect}\cdot\sin\theta<R_{safe}\\0, & R_{tect}\cdot\sin\theta\geqslant R_{safe}\end{cases} \qquad (4-4)$$

当判定式取值为 1 时,UAV 需要进行避障。

若障碍物为动态障碍,虽然 UAV 探测到障碍物时由式(4-4)判定其不需要进行避障,但是由于障碍的运动,一定时间间隔 Δt 后 UAV 可能会侵犯障碍物安全圆,因此,对于动态障碍式(4-4)是无法满足的。需要根据探测到障碍物后 UAV 按照当前速度飞行有限时间是否会发生碰撞来进行判定。因此,重新定义适用于静态和动态障碍的避障判定规则:

当 t 时刻 $\mathrm{Dist}(P_t(\mathrm{UAV}),P_t(\mathrm{obstacle}))=R_{\mathrm{tect}}$ 时,$\exists\Delta t>0$,使得 $\mathrm{Dist}(P_t(\mathrm{UAV}),P_t(\mathrm{obstacle}))<R_{\mathrm{safe}}$。其中,$P_t(\mathrm{UAV})$ 表示 t 时刻 UAV 的位置。

4.3.2　导航向量场的构造

假设导航向量场的形式如下:

$$\dot{\boldsymbol{r}}_d = h(\boldsymbol{r}) \tag{4-5}$$

其中,$\boldsymbol{r}$ 为无人机相对于目标的位置矢量。

由于最终期望无人机都能收敛到以目标为中心的对峙圆上,那么假设由上述导航向量场确定的稳定态是一个圆环,且该圆环为全局吸引的,即无人机从空间的任何一点出发最后都可以收敛到该极限环上,如图 4-3 所示。

假设 $V_F(\boldsymbol{r})$ 为该导航向量场的 Lyapunov 函数,要求为正定且在定义域内为一个实连续函数,当 $\boldsymbol{r}\in\mathbf{C}$ 时,$V_F(\boldsymbol{r})=0$,当 $\boldsymbol{r}\in\mathbf{C}$ 时,$V_F(\boldsymbol{r})>0$。

并且还要求 $V_F(\boldsymbol{r})$ 是径向无界的,即

$$\lim_{\boldsymbol{r}\to\infty} V_F(\boldsymbol{r}) \to \infty \tag{4-6}$$

且 $V(\boldsymbol{r})$ 的梯度有界,即对 $\forall M,M\in\mathbf{R}$,$\exists r_0$,当 $\|\boldsymbol{r}\|\leqslant r_0$ 时,$\left\|\dfrac{\partial V_F}{\partial \boldsymbol{r}}\right\|\leqslant M$。

假设导航向量场为

$$\dot{\boldsymbol{r}}_d = -\frac{\partial V_F}{\partial \boldsymbol{r}}\boldsymbol{\Gamma}(\boldsymbol{r}) + S(\boldsymbol{r}) \tag{4-7}$$

该导航向量场由两部分构成。其中第一部分 $\dfrac{\partial V_F}{\partial \boldsymbol{r}}\boldsymbol{\Gamma}(\boldsymbol{r})$ 为吸引项,$\dfrac{\partial V_F}{\partial \boldsymbol{r}}$ 为上面所构造的 Lyapunov 函数 $V_F(\boldsymbol{r})$ 的梯度,$\boldsymbol{\Gamma}(\boldsymbol{r})$ 为对称正定矩阵,吸引项的方向与 Lyapunov 函数 $V_F(\boldsymbol{r})$ 的梯度的方向相反,作用是减少 $V_F(\boldsymbol{r})$;第二部分 $S(\boldsymbol{r})$ 为旋转项,方向始终和 $\dfrac{\partial V_F}{\partial \boldsymbol{r}}$ 的方向垂直,旋转项的作用是使得无人飞行器收敛到极限环时绕极限环飞行,不减少 $V_F(\boldsymbol{r})$。

假设无人机的位置矢量为 $\boldsymbol{r}=(x,y,z)^{\mathrm{T}}$,极限环位于垂直于 z 轴的平面内,$\hat{\boldsymbol{n}}=(0,0,1)^{\mathrm{T}}$ 为 z 轴方向上的单位向量,设极限环的半径为 R,圆心位于 $(0,0,0)^{\mathrm{T}}$,如图 4-4 所示。

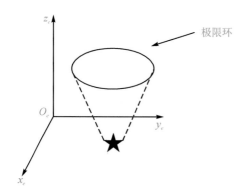

图 4 - 3　地球系下的极限环

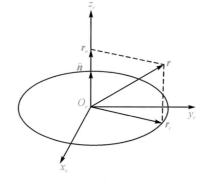

图 4 - 4　位置矢量 r 在极限环下的分解

　　无人机的位置矢量在极限环内的分量为 $\boldsymbol{r}_t$，无人机的位置矢量在垂直于极限环方向上的分量为 $\boldsymbol{r}_n$。

　　选择 Lyapunov 函数为

$$V_F(\boldsymbol{r}) = \frac{1}{2}(\parallel \boldsymbol{r}_n \parallel)^2 + \frac{1}{2}(\parallel \boldsymbol{r}_n \parallel - R)^2 + \frac{1}{2}z^2 + \frac{1}{2}(\sqrt{x^2+y^2} - R)^2$$

$$(4-8)$$

　　由上式可得 Lyapunov 函数的梯度为

$$\begin{aligned}\frac{\partial V_F}{\partial \boldsymbol{r}} &= \boldsymbol{r}_n \hat{\boldsymbol{n}}^{\mathrm{T}} + (\boldsymbol{r}_t - R)\hat{\boldsymbol{r}}_t^{\mathrm{T}} \\ &= \frac{1}{\sqrt{x^2+y^2}}(x(\sqrt{x^2+y^2} - R), y(\sqrt{x^2+y^2} - R), z\sqrt{x^2+y^2})^{\mathrm{T}}\end{aligned}$$

$$(4-9)$$

其中，$\hat{\boldsymbol{r}}_t$ 表示 $\boldsymbol{r}_t$ 方向上的单位向量，$\boldsymbol{r}_t = \dfrac{\boldsymbol{r}_t}{\parallel \boldsymbol{r}_t \parallel}$。

　　令

$$\boldsymbol{\Gamma}(\boldsymbol{r}) = \frac{1}{\alpha(\boldsymbol{r})}\boldsymbol{I} \qquad (4-10)$$

其中，$\boldsymbol{I}$ 为单位矩阵，$\alpha(\boldsymbol{r})$ 为归一化因子，目的是使导航向量场 $\parallel \dot{\boldsymbol{r}}_d \parallel$ 与无人机的速度大小保持相等。

　　由于 $S(\boldsymbol{r})$ 的方向要求始终和 $\dfrac{\partial V_F}{\partial \boldsymbol{r}}$ 的方向垂直，令

$$S(\boldsymbol{r}) = \gamma\frac{\hat{\boldsymbol{n}} \times \boldsymbol{r}_t}{\alpha(\boldsymbol{r})} = \frac{\gamma}{\alpha(\boldsymbol{r})}(-y, x, 0)^{\mathrm{T}} \qquad (4-11)$$

其中，γ 的大小决定吸引项和旋转项作用的相对强弱，γ 的符号决定无人机绕目标飞

行的方向。

由于 $\parallel \dot{r}_d \parallel = v$，所以可得

$$\alpha(\boldsymbol{r}) = \frac{1}{v}(\boldsymbol{r}n^2 + (\boldsymbol{r}_t - R)^2 + R^2\gamma^2)^{1/2}$$

$$= \frac{1}{v}\left[z^2 + (\sqrt{x^2+y^2} - R) + R^2\gamma^2\right] \qquad (4-12)$$

综合上式可得

$$\dot{r}_d = -\frac{\partial V_F}{\partial \boldsymbol{r}}\boldsymbol{\Gamma}(\boldsymbol{r}) + S(\boldsymbol{r})$$

$$= \frac{v}{\sqrt{x^2+y^2}\sqrt{z^2(\sqrt{x^2+y^2}-R)^2 + R^2\gamma^2}}\begin{bmatrix}-(\sqrt{x^2+y^2}-R)x - \gamma R y\\ -(\sqrt{x^2+y^2}-R)y - \gamma R x\\ -z\sqrt{x^2+y^2}\end{bmatrix}$$

$$(4-13)$$

4.3.3　最优避障方向的选取

Lawrence 等提出了 LVF,利用选取的正定,导数负定的 Lyapunov 函数,产生引导 UAV 运动的速度矢量,引导 UAV 逐渐收敛到以目标为圆心,一定跟踪距离为半径的跟踪圆上。本章中,考虑的 Lyapunov 函数为

$$V(p) = \frac{1}{2}(r^2 - R_0^2)^2 \qquad (4-14)$$

其中,$r = \sqrt{(x-x_0)^2 + (y-y_0)^2} = \sqrt{x_r^2 + y_r^2}$ 为 UAV 和障碍物中心的距离,R_0 为期望的跟踪半径,在此设 $R_0 = R_{\text{safe}}$。

易知,式(4-14)为正定函数,则由式(4-14)可以定义出速度分量式:

$$v_{\text{aw}}(u) = \begin{bmatrix}v_{\text{aw}x}\\ v_{\text{aw}y}\end{bmatrix} = \begin{bmatrix}-k \cdot x_r \cdot (r^2 - R_0^2) - k \cdot y_r \cdot (2rR_0)\\ -k \cdot y_r \cdot (r^2 - R_0^2) + k \cdot x_r \cdot (2rR_0)\end{bmatrix} \qquad (4-15)$$

其中,k 为 $\dfrac{V_0}{r \cdot (r^2 + R_0^2)}$。

在式(4-15)下 UAV 收敛到跟踪圆的矢量场旋转方向为逆时针(Anti-clock Wise,AW)。

对式(4-15)关于时间 t 求全导数,可以得到

$$\frac{\mathrm{d}V(p)}{\mathrm{d}t} = \left[\frac{\partial V(p)}{\partial x_r}, \frac{\partial V(p)}{\partial y_r}\right] \cdot \begin{bmatrix}v_x\\ v_y\end{bmatrix}$$

$$= \left[\frac{\partial V}{\partial r} \cdot \frac{\partial r}{\partial x_r}, \frac{\partial V}{\partial r} \cdot \frac{\partial r}{\partial y_r}\right] \begin{bmatrix} \dot{x} - \dot{x}_t \\ \dot{y} - \dot{y}_t \end{bmatrix}$$

$$= \frac{-2rV_0 \cdot (r^2 - R_0^2)^2}{r^2 + R_0^2} \tag{4-16}$$

由于 UAV 飞行中,需要满足 $r \geqslant R_0$,即 UAV 不能和障碍碰撞,则易知式(4-16)恒小于等于 0,UAV 在矢量场的引导下,逐渐收敛到跟踪圆,实现对静态目标的跟踪。

过去研究者关于 LVF 的研究多集中在利用其进行动、静态目标的 Standoff 跟踪上面,对其矢量场旋转方向的研究不是很多,根据矢量场逆时针旋转的速度式(4-15),易求得矢量场顺时针(Clock Wise,CW)旋转方向的速度式为

$$v_{cw}(u) = \begin{bmatrix} v_{cwx} \\ v_{cwy} \end{bmatrix} = \begin{bmatrix} -k \cdot x_r \cdot (r^2 - R_0^2) + k \cdot y_r \cdot 2rR_0 \\ -k \cdot y_r \cdot (r^2 - R_0^2) - k \cdot x_r \cdot 2rR_0 \end{bmatrix} \tag{4-17}$$

易知,经过求导得出的结论同逆时针方向,此处不作重复证明。

本章中,称顺时针和逆时针的 LVF 为双旋 LVF。两种矢量场旋转方向的仿真图如图 4-5 和图 4-6 所示。

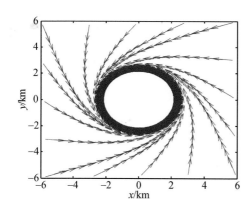 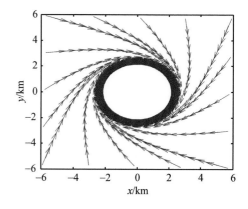

图 4-5　矢量场的逆时针旋转　　　　图 4-6　矢量场的顺时针旋转

若需要跟踪的目标为动态目标,则需要考虑目标位置变化对于跟踪的影响,首先,给出 LVF 跟踪动态目标的速度式:

$$v_{do}(u) = \begin{cases} \lambda \cdot v_{aw}(u) + v_b(u), & \text{逆时针} \\ \lambda \cdot v_{cw}(u) + v_b(u), & \text{顺时针} \end{cases} \tag{4-18}$$

为了方便后续讨论,此处仅对逆时针方向的矢量场进行讨论,顺时针方向的矢量场同逆时针的情况。

在式(4-18)中,$v_b(u)$ 表示所跟踪的动态目标(或障碍)的速度;λ 为协同系数,UAV 相对目标的速度为 $\lambda \cdot v_{aw}(u)$,4.2 节中定义 UAV 的速度大小为 $|V_0| = v_{max}$,

则需要满足：

$$\lambda^2 \cdot (v_{awx}^2 + v_{awy}^2) + 2(v_{awx}v_{tx} + v_{awy}v_{ty}) \cdot \lambda + (v_{bx}^2 + v_{by}^2) = |V_0|^2 \qquad (4-19)$$

UAV 能够成功实施目标跟踪的前提条件为 UAV 飞行的速度矢量 $\boldsymbol{V}_0$ 需要满足 $|V_0| > |V_b|$。可知式（4-19）必定存在正数解。在式（4-18）下，式（4-14）关于时间 t 的全导数为

$$\frac{\mathrm{d}V(p)}{\mathrm{d}t} = \frac{-2\lambda r V_0 (r^2 - R_0^2)^2}{r^2 + R_0^2} \qquad (4-20)$$

由 $\lambda > 0$ 易知式（4-20）恒小于等于 0。UAV 在以障碍物为坐标原点的相对速度坐标系内，以式（4-19）λ 倍的速度对目标实施跟踪。此时，等同于将动态障碍的避障问题转化为了在障碍物相对速度坐标系下的静态障碍的避障问题。

接下来，讨论最优避障方向的选取。如图 4-7 所示，对于静态障碍，为了找到最优的避障方向，考虑 UAV 和目标点 G 的连线矢量 $\overrightarrow{UG}$，和 $\overrightarrow{UG}$ 垂直且过障碍物圆心的直线交安全圆于点 T_n 和 T_f，其中，T_n 为距离 UAV 较近的点，则可以得到如下定理：

定理 1　UAV 探测到静态障碍并判定其需要避障时，其最优的避障方向为矢量 $\overrightarrow{UG}$ 旋转到矢量 $\overrightarrow{UT_n}$ 的旋转方向。

当 UAV 需要确定避障方向时，基于最小避障偏转角原则，最优的避障方向为能避开障碍的最小速度偏转角度方向，如图 4-7 所示，从 T_n 点避障时，避障速度偏过的角度值为

$$\theta_{un} = \arcsin\left(\frac{R_{safe}}{L_{tect}}\right) - \theta_{\overrightarrow{V_0},\overrightarrow{UO}} \qquad (4-21)$$

从 T_f 点避障时，避障速度偏过的角度值为

$$\theta_{uf} = \arcsin\left(\frac{R_{safe}}{L_{tect}}\right) + \theta_{\overrightarrow{V_0},\overrightarrow{UO}} \qquad (4-22)$$

通过比较易知：$\theta_{un} < \theta_{uf}$。为了后面动态障碍避障讨论的方便，利用 UAV 和 T_n、T_f 连线与速度的夹角的正切值表示。

则从 T_n 点避障可以用 $\overrightarrow{UG}$ 旋转到 $\overrightarrow{UT_n}$ 的旋转角 γ_n 的正切值表示，即

$$\theta_{un} \propto \tan \gamma_n = \frac{R_{safe} - R_{tect} \cdot \sin \theta}{R_{tect} \cdot \cos \theta} \qquad (4-23)$$

此时速度矢量旋转的方向为顺时针方向。

从 T_f 点避障可以用 $\overrightarrow{UG}$ 旋转到 $\overrightarrow{UT_f}$ 的旋转角 γ_f 的正切值表示，即

$$\theta_{uf} \propto \tan \gamma_f = \frac{R_{safe} + R_{tect} \cdot \sin \theta}{R_{tect} \cdot \cos \theta} \qquad (4-24)$$

此时速度矢量旋转方向为逆时针方向。由正切函数的单调性，易知 $\tan(\gamma_f) > \tan$

(γ_n),定理成立。因此,可以根据 $\overrightarrow{UG}$ 偏转至 T_n 和 T_f 点的角度大小关系来判断最优避障方向。

注：$\overrightarrow{UG}$ 偏转至 $\overrightarrow{UT_n}$ 偏转过的角度不是避过该障碍 UAV 转过的角度,而是选取用来判定最优避障方向的角度值。

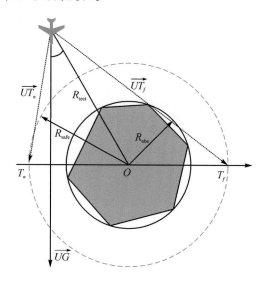

图 4-7　最优避障方向的判定

对于动态障碍,考虑 UAV 在探测到动态障碍后,利用避障检测判定其需要避障,则根据图 4-7,利用即将侵犯安全圆时刻 UAV 和障碍物的位置关系,根据定理1, $\overrightarrow{UG}$ 偏转到 $\overrightarrow{UT_n}$ 的矢量旋转方向为避障方向,则 UAV 在探测到障碍的时刻开始避障机动,根据式(4-19),把问题转化为相对速度坐标系下静态障碍的避障问题,易知定理 1 适用于动态障碍。

4.3.4　矢量场旋转方向的选取

4.3.3 节讨论了最优避障方向的选取,得出的定理能够保证 UAV 避障偏转角最小,基于上节内容,本节讨论矢量场旋转方向的选取问题。

根据 4.3.3 节的定理1,这里可以得出矢量场旋转方向的定理2。

定理 2　UAV 探测到障碍并判定该障碍需要避障时,其选定的矢量场旋转方向为最优避障方向的反方向。

如图 4-7 所示,当 T_n 位于障碍物的左侧时(图 4-7 中 O-T_n 方向),最优的避障方向为顺时针方向,此时选取的用于避障的矢量场为式(4-13)生成的逆时针旋转的矢量场(如图 4-5 所示),在该矢量场引导下 UAV 以较小的侧偏量从左侧避过障碍,其最小侧偏量为 $R_{safe}-R_{tect} \cdot \sin\theta$,由几何关系知:此时 UAV 的路径长度为

$$\mathrm{Len}_n = \mathrm{Len}_t + R_{\mathrm{safe}} \cdot \left(\theta_{un} + \arcsin\left(\frac{R_{\mathrm{safe}}}{|\overrightarrow{OT}|} \right) - \theta_{\overrightarrow{V_0},\overrightarrow{OT}} \right) \qquad (4-25)$$

此时若矢量场的旋转方向为顺时针方向，UAV 的路径长度为

$$\mathrm{Len}_f = \mathrm{Len}_t + R_{\mathrm{safe}} \cdot \left(\theta_{uf} + \arcsin\left(\frac{R_{\mathrm{safe}}}{|\overrightarrow{OT}|} \right) + \theta_{\overrightarrow{V_0},\overrightarrow{OT}} \right) \qquad (4-26)$$

其中，$\mathrm{Len}_t = \sqrt{L_{\mathrm{tect}}^2 - R_{\mathrm{safe}}^2} + \sqrt{|\overrightarrow{OT}|^2 - R_{\mathrm{safe}}^2}$。易知 $\mathrm{Len}_n < \mathrm{Len}_f$，定理 2 成立。

当 T_n 位于障碍物右侧时，最优的避障方向为逆时针方向，此时选取用于避障的矢量场为式（4-17）生成的顺时针旋转的矢量场（如图 4-6 所示），在该矢量场引导下 UAV 以较小的侧偏量从右侧避过障碍。矢量场的旋转方向和最优避障方向同左侧时相反。当 $\overrightarrow{UG}$ 过障碍物圆心时，两种情况等价。

注： 若障碍为动态障碍，则该结论转化为静态障碍避障问题下定理 2 的判定，易知其成立。

4.3.5　成功避障标准的确定

部分文献中，避障成功是指 UAV 在一次避障飞行过程中，没有侵犯障碍物的安全圆，本章重新给定了避障成功的定理，作为判定摆脱 LVF 吸引力的标准依据。

定理 3　在飞行过程中，若 UAV 没有侵犯障碍物的安全圆，且存在某时刻 t，使得该时刻矢量 $\overrightarrow{UO}$ 和矢量 $\overrightarrow{UG}$ 的位置关系 $\cos\langle\overrightarrow{UO},\overrightarrow{UG}\rangle=0$，则可以判定避障成功。

当障碍为静态障碍时，$\cos\langle\overrightarrow{UO},\overrightarrow{UG}\rangle=0$ 表示 $\overrightarrow{UO}\perp\overrightarrow{UG}$，从 t 时刻起，$\cos\langle\overrightarrow{UO},\overrightarrow{UG}\rangle$ 的值恒小于 0，UAV 沿着目标引力飞行能够安全到达目标点且不会侵犯该障碍物的安全圆。

若障碍为动态障碍，如图 4-8 所示，则分为两种情况进行讨论。第一种情况为图 4-8 中轨迹 1，若根据定理 1、定理 2 判断矢量场旋转方向为顺时针，则存在某时刻 t，使得该时刻 $\cos\langle\overrightarrow{UO},\overrightarrow{UG}\rangle=0$，此时障碍的运动不会造成二者碰撞，定理 3 中的判定成立。第二种情况为图 4-8 中轨迹 2。文献[81]提出了利用威胁锥来判定障碍避碰的方法，这里引入该方法进行辅助证明。

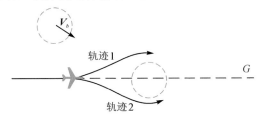

图 4-8　避障成功的判定

首先这里给出威胁锥的定义：

定义 1　威胁锥（Collision Cone，CC）表示为 CC＝$\{l \mid \exists M = l \bigcap \odot P_O\}$。其中，$l$ 为以 UAV 为顶点的射线，M 为射线 l 与障碍物安全圆 $\odot P_O$ 的交点。

威胁锥可以简单理解为以 UAV 为顶点和安全圆相切的两条射线形成的夹着安全圆的锥形区域。

定理 4[81]　当 UAV 和障碍的相对速度矢量 $\boldsymbol{V}_{0b}$ 位于威胁锥内时，障碍会对 UAV 产生威胁，反之则不会。

接下来证明定理 3。如图 4－9 所示，在动态障碍转化为静态障碍的 LVF 中，UAV 在任意位置跟踪该障碍的相对速度为 $\boldsymbol{V}_{0b}$，由公式（4－18）知，$\lambda \cdot \boldsymbol{V}_0 = \boldsymbol{V}_{0b}$。根据几何关系知，任意时刻，UAV 在动态障碍相对坐标系内的相对速度 $\boldsymbol{V}_{0b}$ 是落在威胁锥之外的，即 UAV 在 LVF 引导下最终会收敛到跟踪圆，始终不会和障碍发生碰撞。

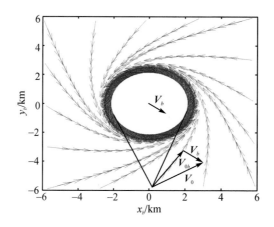

图 4－9　LVF 任意位置的威胁锥关系

当 $\overrightarrow{UO} \perp \overrightarrow{UG}$ 时，$|\overrightarrow{UO}| > R_{\text{safe}}$，如图 4－10 所示，易知此时 $\boldsymbol{V}_{0b}$ 仍落在威胁锥外部。记此时 $\boldsymbol{V}_0$ 和 $\overrightarrow{UO}$ 的夹角为锐角 α_a。根据定理 3 判定，此时 UAV 不受 LVF 作用，仅在 $\overrightarrow{UG}$ 的引力下飞向目标。

如图 4－11 所示，$\overrightarrow{UG}$ 引力产生的附加速度为 $\boldsymbol{V}_G$，根据矢量相加的平行四边形法则，期望的新速度为 $\boldsymbol{V}'_{0G} = [\boldsymbol{V}_{0,x} + \boldsymbol{V}_G, \boldsymbol{V}_{0,y}]^{\mathrm{T}}$，由于最大速度的限制，产生的实际速度 $\boldsymbol{V}_{0G} = \dfrac{\boldsymbol{V}'_{0G} \cdot |\boldsymbol{V}_0|}{|\boldsymbol{V}'_{0G}|}$，其大小等于 $\boldsymbol{V}_0$，方向和 $\boldsymbol{V}'_{0G}$ 相同。易知 $\boldsymbol{V}_{0G}$ 和 $\overrightarrow{UO}$ 的夹角大于 α_a，新产生的相对速度仍落在威胁锥之外，经过多次迭代后，UAV 的相对速度 $\boldsymbol{V}_{0b}$ 总是保持在威胁锥外。根据定理 4 可知，UAV 不会和障碍相撞。

综上可知，定理 3 成立。

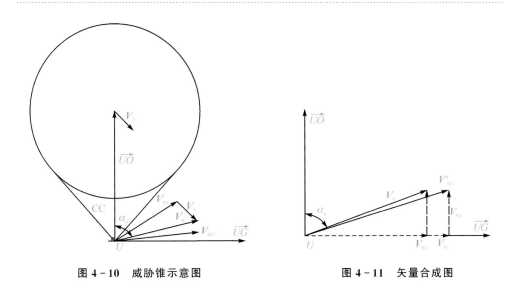

图 4 - 10　威胁锥示意图　　　　　　　　　图 4 - 11　矢量合成图

因此,基于双旋 LVF 的 UAV 避障算法的流程如下:任务开始后,UAV 沿着矢量 $\overrightarrow{UG}$ 的方向飞行,当检测到障碍后,判断是否需要避障,若需要避障则判断最优避障方向和矢量场旋转方向,并利用双旋 LVF 引导 UAV 避障,避障成功后,在 $\overrightarrow{UG}$ 的引力作用下飞向目标点。其流程图如图 4 - 12 所示。

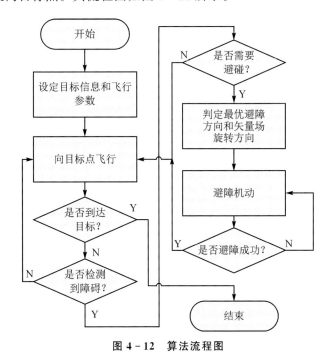

图 4 - 12　算法流程图

4.4　未知环境下在线避障规划

在未知环境下飞行，UAV 可能遇到多个障碍物同时存在的情况，因此未知环境下在线避障变得更为复杂。

为了简化环境复杂度，提升 UAV 避障效率，对探测到的障碍物需要进行一定程度的合并。进行障碍物合并的情况可以分为以下两种。

4.4.1　安全圆相交

UAV 在飞行过程中可能探测到多个障碍物的存在，如图 4 - 13 所示，两个较大的静态障碍之间存在一定距离，在该距离下，其安全圆相交，此时若 UAV 仅根据会发生碰撞的障碍进行避障，在避障过程中会侵犯另一个障碍的安全圆，导致撞毁的风险。此时，需要寻找包络两个障碍物的新的安全圆作为避障参数。

UAV 探测到障碍物后，根据定理 1、定理 2 选定的 $\overrightarrow{UO}$ 偏转到 $\overrightarrow{UT_{n1}}$ 的方向为最优避障方向，矢量场旋转方向为逆时针方向。由于两个障碍物安全圆相交，避障过程中会侵犯另一个障碍的安全圆，因此需要对两个障碍进行合并，寻求包络两个障碍的新的外接圆作为安全圆，对合并后的障碍的避障判定转化为了单个障碍的避障判定，易知选定的最优避障方向为 $\overrightarrow{UO}$ 偏转到 $\overrightarrow{UT_{f1}}$ 的方向，此时选定的矢量场旋转方向为顺时针方向，根据定理 1、定理 2 可知，此时的路径为最优的。

4.4.2　多个微小障碍的合并

多个微小障碍存在时，虽然其安全圆不相交，利用双旋 LVF 能够寻找到一条可行的安全路径。但是频繁的避障会导致 UAV 避障次数的增加和路径的延长，降低算法性能，为了减少控制指令的频繁输入，需要将多个微小的障碍物合并，当作一个整体进行避障，如图 4 - 14 所示。此处规定障碍半径满足 $R \leqslant \dfrac{1}{3} \cdot R_{safe}$ 为微小障碍，包络安全圆的最大半径为 $R_{max} = 2 \cdot R_{safe}$，若包络圆半径超出该半径值，则不对障碍进行合并，视作多个障碍处理。

首先，考虑多个静态障碍的合并，采用几何学方法，寻找合并后的障碍物的圆心和安全半径，并根据单个障碍物的最优避障方向和矢量场旋转方向准则进行避障，解决方法同安全圆相交的情况，此处不做过多重述。

对于多个动态微小障碍的处理问题，分为障碍速度相同和不同两种情形。首先考虑障碍速度相同的情形。在绝对坐标系下，微小障碍速度大小和方向均相同，则多

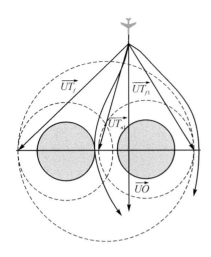

图 4 - 13　静态障碍安全圆相交

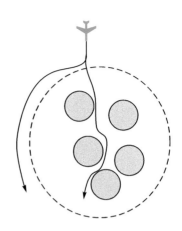

图 4 - 14　多个微小障碍的合并

个微小障碍的避障可以视作单个动态障碍的避障问题,解决方法同上。其次,考虑障碍速度不相同的情形,由于障碍的相对运动会导致所包络的安全圆的扩大和缩小,为了保证 UAV 的安全,对于安全圆扩大的情形,以 $R_{\max}$ 作为避障半径,若安全圆大于 $R_{\max}$,则取消障碍的合并;对于安全圆缩小的情形,则可以将实时求出的包络安全圆半径值作为避障半径进行避障,方法同 4.4.1 节。

在对障碍进行合并处理后,未知环境下 UAV 在线避障问题转化为一系列单障碍环境下的避障问题进行解决。

4.5　基于双旋 Lyapunov 矢量场的 UAV 避障算法应用验证

将提出的基于双旋 LVF 的 UAV 避障方法和未知环境下 UAV 在线避障规划基于 MATLAB 2014a 仿真软件进行相应的仿真实验验证。由于 UAV 动力学特性的不同,仿真实验需要加入 UAV 动力学约束,对转弯角速度等加以限制。为了对本章提出的算法性能有一个直观的对比,以路径规划中满足 UAV 动力学性能,且产生可飞安全路径的 Dubins 路径和人工势场法(Artificial Potential Field,APF)进行对比验证,表明本章所提算法良好的性能。

4.5.1　单个障碍避障仿真验证

假设 UAV 在从起始点飞行到目标点的过程中,机载传感器探测到单个障碍并进行相应的避障机动,避障完成后飞抵目标点,设 UAV 起点坐标为 $P(x_s, y_s)$,目标

点坐标为 $P(x_g, y_g)$，则其路径规划可表示为

$$P(x_s, y_s) \xrightarrow{r(t)} P(x_f, y_f) \qquad (4-27)$$

以单个障碍物模型为依据，进行单个障碍物的避障仿真验证，仿真必要的参数如表 4-1 所列。

表 4-1　仿真参数

参　　数	数　　值
UAV 速度/(km·s⁻¹)	0.2
转弯角速率/(rad·s⁻¹)	0.05
UAV 探测半径/km	9
障碍物半径/km	3
安全距离/km	0.3
起点坐标/(km, km)	(0,0)
目标点坐标/(km, km)	(20,20)

首先验证单个静态障碍物的避障。图 4-15 中，障碍坐标在 UAV 和目标的连线上，此时，两侧的避障效果相同。当障碍坐标为(13,9)时，根据定理 1、定理 2，确定 UAV 左侧为最优避障方向，矢量场旋转方向为顺时针。当障碍坐标为(9,13)时，结论和(13,9)时相反。为了验证避障的成功性和 UAV 动力学约束，以障碍坐标(11,11)的逆时针方向避障进行验证。图 4-16 为在飞行过程中，UAV 和障碍之间的距

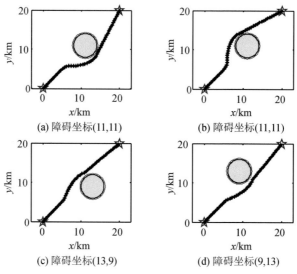

(a) 障碍坐标(11,11)　　　　　　(b) 障碍坐标(11,11)

(c) 障碍坐标(13,9)　　　　　　(d) 障碍坐标(9,13)

图 4-15　单个静态障碍物避障

离变化,可以看出在飞行过程中,UAV 一直处于安全圆范围之外,UAV 的转弯角速率变化如图 4 - 17 所示,飞行过程中转弯角速率处于 UAV 最大转弯角速率约束下。

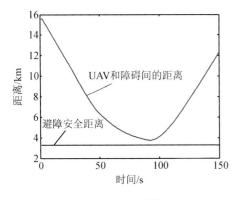

图 4 - 16 UAV 和障碍的距离变化

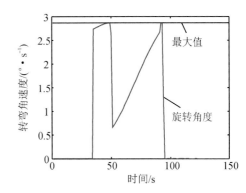

图 4 - 17 飞行中转弯角速度的变化

接下来验证单个动态障碍物的避障。对动态目标的避障是避障问题的一个重点,设障碍物的起始位置为(2.3,19.7),其运动方向角为 $-45°$,在 UAV 探测到障碍物后进行避障,如图 4 - 18 所示,在 $t = 97$ s 时,判定避障成功,如图 4 - 19 所示。UAV 和障碍距离变化如图 4 - 20 所示。

为了更直观地说明动态障碍避障方法的准确性,针对动态障碍进行两个避障方向仿真结果的对比,仿真中障碍安全圆半径为 $R_{safe} = 3.3$ km,仿真结果如表 4 - 2 所列。

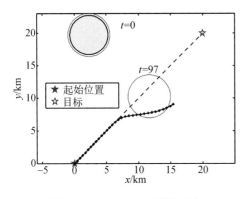

图 4 - 18 $t = 97$ s 时避障成功

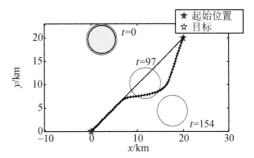

图 4 - 19 单个动态障碍避障航迹

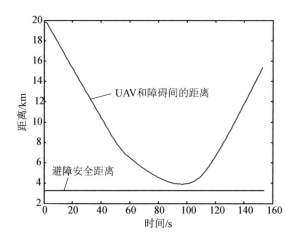

图 4 - 20   UAV 和动态障碍的距离变化

表 4 - 2   仿真结果对比

障碍初始参数 (x/km,y/km,v/(km·s^{-1}))	障碍速度方向/(°)	顺时针矢量场方向		逆时针矢量场方向		利用算法判定的方向
		最小距离/km	路径长度/km	最小距离/km	路径长度/km	
(2.3,11,0.1)	0	3.56	30.6	3.73	30	AW
(6.3,11,0.1)		3.89	29	3.58	37.8	CW
(2.3,19.7,0.141)	−45	2.52	33	3.99	31.2	AW
(6.3,19.7,0.141)		3.83	30	3.62	46	CW
(11,19.7,−0.1)	−90	3.15	32.2	3.94	30.6	AW
(11,16.7,−0.1)		4.16	29.8	3.48	33	CW

从表 4 - 2 可以看出,利用基于双旋 LVF 的避障算法在保持了和障碍较大的安全距离的同时,路径长度更小,3 组结果验证了算法的正确性。而从非本算法确定的方向进行避障时,路径长度明显更长,甚至有时会侵犯安全圆,导致避障失败。

为了验证基于双旋 LVF 的避障算法的性能,利用基于 Dubins 路径的方法和 APF 作为对比算法进行验证。考虑对起点坐标为(0,0),目标点坐标为(20,20),障碍物参数为(11,11,3)的静态障碍避障和起点为(2.3,19.7),速度大小为 0.141 km/s,速度方向为−45°的动态障碍进行避障。由于静态障碍的位置在起点和目标点连线上,存在极小值点,因此采用加入扰动因子克服局部极小值点的改进 APF 作为对比进行避障;同时由于表 4 - 1 中 UAV 机动性能的约束,Dubins 路径中 UAV 最小转弯半径 $R_{\min}=4$ km。利用 Dubins 路径和 APF 的仿真结果如图 4 - 21～图 4 - 23

所示。

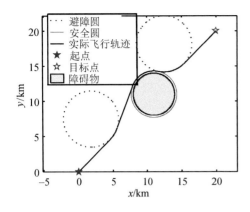

图 4 - 21　Dubins 路径对单个静态障碍避障

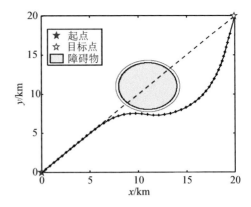

图 4 - 22　改进 APF 对单个静态障碍避障

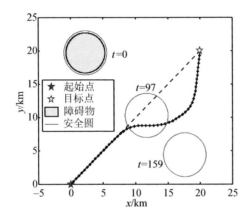

图 4 - 23　改进 APF 对单个动态障碍避障

表 4 - 3 为三种方法路径长度的对比结果,从中可以看出:在静态障碍的避障问题中,三种方法都能够成功避障,路径的总长度分别为 30.1 km＜30.2 km＜31.3 km。基于双旋 LVF 的避障算法对静态障碍的避障问题航迹代价小于改进 APF,性能接近 Dubins 路径。

表 4 - 3　仿真结果

方　法	静态障碍避障 路径长度/km	动态障碍避障 路径长度/km
改进 APF	31.3	31.8
Dubins 路径	30.1	——
双旋 LVF	30.2	30.8

在动态障碍的避障中,基于双旋 LVF 的避障算法在成功避障的同时,航迹长度是最小的。改进 APF 虽然也能成功地避障,但是航迹长度大于双旋 LVF。而 Dubins 路径虽然可以根据障碍物状态进行模型预测求出障碍物圆弧的切入点,但是 UAV 在圆弧上进行避障机动的同时,障碍的运动势必会导致 UAV 侵犯安全圆,导致避障失败,因此无法形成有效的避障。综上可知,基于双旋 LVF 的避障算法具有良好的动态障碍和静态障碍避障性能。

4.5.2　未知环境下在线避障路径规划

对未知环境中的障碍进行合并规则的建立,使得 UAV 在未知环境飞行时,能够对其探测到的环境进行适当的处理,提升避障性能,确保 UAV 安全。现进行 UAV 未知环境下利用 LVF 进行在线避障的仿真实验。在 UAV 仅获得本身和目标点坐标,对环境障碍情况未知的条件下,利用双旋 LVF 进行在线避障路径规划。使用的仿真参数如表 4 - 4 所列,其余参数同表 4 - 1。

表 4 - 4　仿真参数

参　　数	数　　值
UAV 起点坐标/$(x/km, y/km)$	(0,0)
目标点坐标/$(x/km, y/km)$	(50,50)
障碍物 1 的参数/$(x/km, y/km, r/km)$	(9,11,3)
障碍物 2 的参数/$(x/km, y/km, r/km)$	(18,16,3)
障碍物 3 的参数/$(x/km, y/km, r/km)$	(22,25,1.2)
障碍物 4 的参数/$(x/km, y/km, r/km)$	(24,23,1.2)
障碍物 5 的参数/$(x/km, y/km, r/km)$	(30,40,3)
障碍物 6 的参数/$(x/km, y/km, r/km)$	(38,43,3)

如图 4 - 24～图 4 - 29 所示,UAV 从起点起飞,向目标点飞行,在 $t=28$ s 时,探测到第一个障碍,并以逆时针方向实施避障,在 $t=80$ s 时,探测到第二个障碍,并以顺时针方向进行避障,在 $t=135$ s 时,UAV 探测到第三个和第四个障碍,由于其安全圆相交,因此将其视为一个障碍进行处理,在 $t=222$ s 时,UAV 探测到第五个障碍,由于不会碰撞,因此 UAV 按照原来的速度飞行,在 $t=258$ s 时,UAV 探测到第六个障碍,并采用逆时针方向进行避障,之后 UAV 没有遇到其他障碍,$t=374$ s 时,UAV 飞抵目标点。

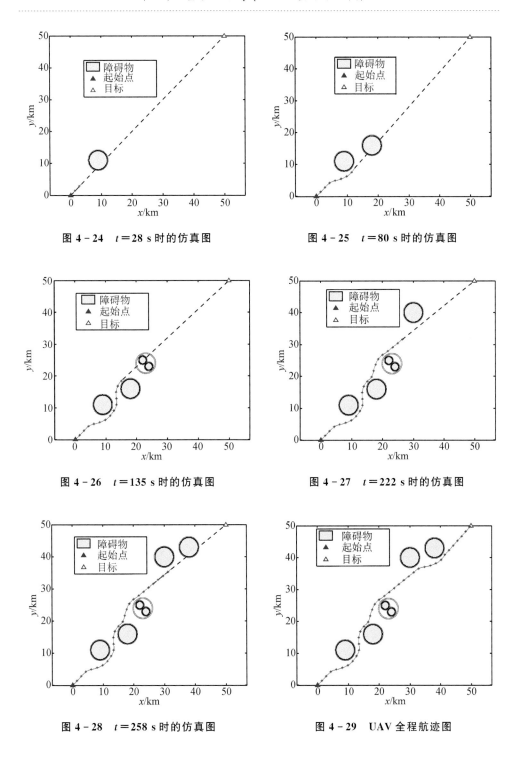

图 4 - 24　$t = 28$ s 时的仿真图　　　　　　图 4 - 25　$t = 80$ s 时的仿真图

图 4 - 26　$t = 135$ s 时的仿真图　　　　　图 4 - 27　$t = 222$ s 时的仿真图

图 4 - 28　$t = 258$ s 时的仿真图　　　　　图 4 - 29　UAV 全程航迹图

4.6　本章小结

本章针对 UAV 避障问题展开研究，提出了一种基于双旋 LVF 的避障算法。基于 LVF 的顺、逆旋转的特性，通过确定最优避障方向缩短航迹代价，通过确定矢量场旋转方向引导 UAV 避过障碍物，由于 Lyapunov 函数引导下的 UAV 始终会收敛到跟踪半径，因此保证了 UAV 的安全，最后设计的避障成功标准使得 UAV 顺利摆脱 LVF 并飞向目标点。仿真结果表明，该方法能够实现动、静态障碍的避障和未知环境下在线避障航迹规划，且性能优于 APF 和 Dubins 路径。

第5章 有人机/无人机协同目标跟踪研究

5.1 引 言

UAV 经常被运用于执行侦察、目标跟踪等任务来保证目标信息的实时获取,而这些任务需要长时间的飞行来保证任务的完成。但是 MAV 飞行员在执行枯燥任务时存在专注度下降的问题,因此,UAV 续航时间长,机动性强的优势逐渐凸现出来。

在实际任务中,经常需要进行重要目标的跟踪任务,包括静态重要目标和运动目标。而对这些目标的跟踪,在获取情报的同时,也存在着一定的危险性。同时,考虑到任务环境的复杂性,环境中充斥着大量的禁飞区域以及高大山体、建筑等固有的障碍物,容易导致 UAV 判定不及时而发生撞毁,从而导致跟踪任务的失败。虽然多个 UAV 协同执行跟踪任务能够增加其鲁棒性,减少因目标机动导致的跟踪失败问题。但由于 UAV 自主化程度的低下,始终无法解决其协同过程中的突发情况处理问题。同时,在跟踪过程中,目标可能通过借助障碍进行机动来躲避和逃脱跟踪,如何解决跟踪中的避障问题和避障后的重跟踪问题也是研究的一个重点。

在第 4 章中,提出了一种基于双旋 LVF 的 UAV 避障算法,并验证了相比于 Dubins 路径和 APF 方法的优势,且相对于 A* 算法等方法能够满足实时性。在过去的部分文献中,对于跟踪中的避障问题,一般采用两种以上方法进行解决,即采用不同的方法分别进行跟踪和避障机动。这无疑增加了规划器的复杂性,导致其规模增大。本章将第 4 章中的避障方法推广到三维空间,利用 Lyapunov 矢量场同时进行避障和跟踪的研究。

5.2 在二维平面下对地面静止目标的跟踪

5.2.1 基于 Lyapunov 导航向量场法对静止目标的跟踪

在无人机执行飞行跟踪任务时,无人机自身的位置以及速度由机载的传感器获得,目标的位置和速度由无人机的机载摄像头获得。在设计导引律的过程中,为了方便,假定目标的位置以及速度是已知的,同时由于无人机具有飞行的高度,可以从高空对目标进行跟踪探测,即无人机的高度恒定,因此考虑在二维平面上对目标进行跟踪。

无人机跟踪静止目标,假设在跟踪过程中,目标的位置为已知量,且无人机的飞行速度恒定为 v_o,那么选择位移 Lyapunov 函数为

$$V = (r^2 - R^2)^2 \tag{5-1}$$

且

$$r = \sqrt{x_r^2 + y_r^2} = \sqrt{(x - x_t)^2 + (y - y_t)^2} \tag{5-2}$$

其中,r 为无人机与目标之间的相对距离,R 为设置的对峙距离。

由式(5-1)可以得到如下的 Lyapunov 导航向量场:

$$g(x,y) = \begin{bmatrix} g_x \\ g_y \end{bmatrix} = \left(\frac{v_0}{r \cdot (r^2 + R^2)} \right) \begin{bmatrix} -x_r \cdot (r^2 - R^2) - y_r(2 \cdot r \cdot R) \\ -y_r \cdot (r^2 - R^2) + x_r(2 \cdot r \cdot R) \end{bmatrix} \tag{5-3}$$

由于目标是静止的,即 $(\dot{x}_t, \dot{y}_t) = \mathbf{0}$,通过 Lyapunov 导航向量场确定无人机期望的飞行速度为

$$\mathbf{v}_d = \begin{bmatrix} \dot{x}_d \\ \dot{y}_d \end{bmatrix} = \begin{bmatrix} g_x \\ g_y \end{bmatrix} \tag{5-4}$$

由期望的飞行速度可得期望的飞行航向为

$$\varphi_d = \arctan\left(\frac{\dot{y}_d}{\dot{x}_d} \right) \tag{5-5}$$

考虑到忽略风速的影响、无人机的运动速度为恒定值以及目标处于静止状态,那么可以认为无人机的应飞速度大小等于无人机此时的绝对速度的大小,即

$$\begin{bmatrix} \dot{x} \\ \dot{y} \end{bmatrix} = \begin{bmatrix} g_x \\ g_y \end{bmatrix} \tag{5-6}$$

对式(5-1)关于时间 t 求全导数,可得:

$$\frac{\mathrm{d}V}{\mathrm{d}t} = \left[\frac{\partial V}{\partial x_r}, \frac{\partial V}{\partial y_r} \right] \cdot \begin{bmatrix} \dot{x}_r \\ \dot{y}_r \end{bmatrix} = \left[\frac{\partial V}{\partial r} \cdot \frac{\partial r}{\partial x_r}, \frac{\partial V}{\partial r} \cdot \frac{\partial r}{\partial y_r} \right] \begin{bmatrix} \dot{x} - \dot{x}_t \\ \dot{y} - \dot{y}_t \end{bmatrix}$$

$$= \frac{-4rv_0 \cdot (r^2 - R_0^2)^2}{r^2 + R_0^2} \leqslant 0 \tag{5-7}$$

由此可以得到位移 Lyapunov 函数随时间的导数恒为负,满足在平衡状态是渐近稳定的。根据 LaSalle 不变性原理,无人机与目标之间的距离 r 能够收敛到设置的对峙距离,对目标实施跟踪。

为了使得无人机在飞行的过程中,无人机的航向能够通过 Lyapunov 导航向量场收敛到期望的跟踪环上,即要求无人机的绝对速度的方向收敛到期望的飞行速度的方向上,引入如下 PID 控制环:

$$u_2(t) = \dot{\varphi}_d - k_1(\varphi - \varphi_d) \qquad (5-8)$$

其中,k_1 为比例系数。

由上式可得

$$\dot{\varphi}_d = 4v_0 \frac{R^3}{(r^2 + R^2)^2} \qquad (5-9)$$

5.2.2　二维空间下对地面静止目标跟踪仿真验证

假设无人机从 (400,400) 的位置出发,以 20 m/s 的空速跟踪位于原点的静止目标,设置的对峙距离为 200 m,通过 MATLAB 进行仿真验证如图 5-1 所示。

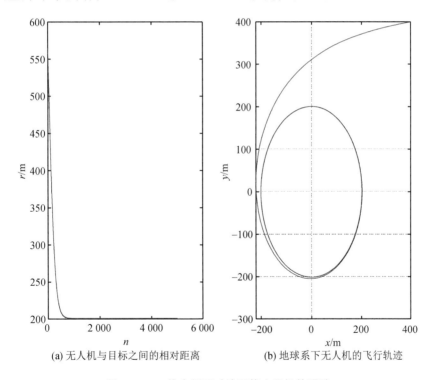

(a) 无人机与目标之间的相对距离　　　　　(b) 地球系下无人机的飞行轨迹

图 5-1　二维空间下对地面静止目标的跟踪

从图中可以看出,无人机可以成功地按照 Lyapunov 导航向量场收敛到期望的跟踪环上,即实现对静止目标的跟踪。

5.3　在二维平面下对地面运动目标的跟踪

5.3.1　对导航向量场的修正

为了使得无人机可以跟踪得上运动的目标,需要在 5.2 节的基础上对无人机的应飞速度进行修正。

假设在跟踪过程中,修正后的无人机的期望飞行速度为

$$\boldsymbol{v}_d = \begin{bmatrix} \dot{x}_d \\ \dot{y}_d \end{bmatrix} = \alpha \begin{bmatrix} g_x \\ g_y \end{bmatrix} + \begin{bmatrix} \dot{x}_t \\ \dot{y}_t \end{bmatrix} \tag{5-10}$$

其中,α 为期望飞行速度的修正系数。

那么无人机相对于目标的相对速度为

$$\boldsymbol{v}_r = \begin{bmatrix} \dot{x}_r \\ \dot{y}_r \end{bmatrix} = \begin{bmatrix} \dot{x}_d \\ \dot{y}_d \end{bmatrix} - \begin{bmatrix} \dot{x}_t \\ \dot{y}_t \end{bmatrix} = \alpha \begin{bmatrix} g_x \\ g_y \end{bmatrix} \tag{5-11}$$

当无人机以修正后的期望速度对运动目标进行跟踪,那么代入式(5-4)可得

$$\frac{\mathrm{d}V}{\mathrm{d}t} = \frac{-4arv_0 \cdot (r^2 - R_0^2)^2}{r^2 + R_0^2} \tag{5-12}$$

为了确保在无人机的飞行过程中无人机能够成功跟踪得上目标,修正后的无人机的期望飞行速度大小等于无人机的空速大小,即 $\| \boldsymbol{v}_d \| = v_0$,那么可得

$$\alpha^2(g_x^2 + g_y^2) + 2\alpha(g_x \dot{x}_t + g_y \dot{y}_t) + \dot{x}_t^2 + \dot{y}_t^2 - v_0^2 = 0 \tag{5-13}$$

上述方程在无人机的空速大于目标绝对速度时,α 必有一个正数解,由此可得式(5-13)恒为负。因此当无人机跟踪运动目标时,无人机依旧可以收敛到以目标为圆心的跟踪环上。

5.3.2　二维空间下对地面运动目标跟踪仿真验证

假设无人机从(800,800)的位置出发,以 20 m/s 的空速跟踪从原点出发,绝对速度为 10 m/s 沿着 x 轴正方向匀速飞行的目标,设置的对峙距离为 300 m,通过 MATLAB 仿真如图 5-2 所示。

图 5-2(a)表示在地球系下无人机与目标之间的相对距离,图 5-2(b)表示无人机在相对于目标的坐标系下的飞行轨迹,图 5-2(c)表示在地球系下目标的运动轨迹,图 5-2(d)表示在地球系下无人机的飞行轨迹。从这四个图中可以得出,通过修正无人机的期望飞行速度,基于 Lyapunov 导航向量场依旧可以使得无人机跟踪得上运动的目标。

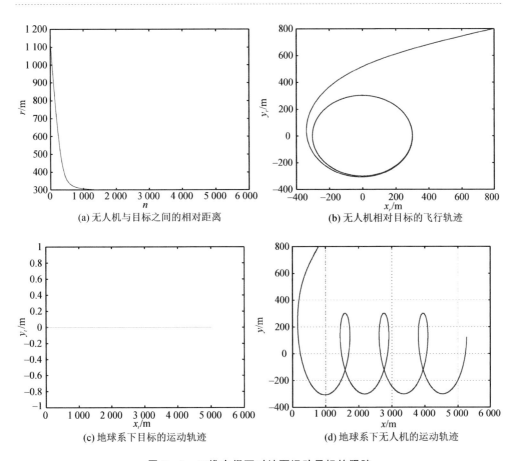

(a) 无人机与目标之间的相对距离

(b) 无人机相对目标的飞行轨迹

(c) 地球系下目标的运动轨迹

(d) 地球系下无人机的运动轨迹

图 5 - 2　二维空间下对地面运动目标的跟踪

5.4　三维协同跟踪问题中模型的修正

5.4.1　飞行器模型的修正

UAV 在近年来被广泛应用于目标跟踪任务,并表现出了极强的任务性能。但是依旧存在智能性不高的缺点。因此,加入 MAV 的智能决策来消除该缺点,同时解决过往目标跟踪任务中避障航迹不平滑、拐角大的不足。

MAV 或 UAV 的运行环境是三维空间 $C_{3d} = (x, y, z) \in \mathbf{R}^3$,即可以在三维空间中做俯冲、偏航和爬升等机动。第 4 章式(4-1)仅仅考虑了二维平面上的飞行器运动模型,为了更接近实际应用,引入高度维,将其扩充到三维空间,即对 2.2.1 节公式(2-1)进行修改,则 3 自由度(Three Degree of Freedom,3DOF)的点质量模型可表示为：

$$
\begin{cases}
\dot{x} = \boldsymbol{V}_0 \cdot \cos \gamma \cdot \cos \psi \\
\dot{y} = \boldsymbol{V}_0 \cdot \cos \gamma \cdot \sin \psi \\
\dot{z} = \boldsymbol{V}_0 \cdot \sin \gamma \\
\dot{\psi} = \omega
\end{cases} \tag{5-14}
$$

其中，γ 表示俯仰角，即飞行器速度矢量 $\boldsymbol{V}_0$ 和其在水平面投影的夹角，其取值范围为 $\left(-\dfrac{\pi}{2}, \dfrac{\pi}{2}\right)$，$\psi$ 为航向角，即飞行器速度矢量 $\boldsymbol{V}_0$ 水平面投影向量和 x 轴正方向的夹角，其取值范围为 $(-\pi, \pi]$。$[v_{u,x}, v_{u,y}, v_{u,z}]^{\mathrm{T}} = [\dot{x}, \dot{y}, \dot{z}]^{\mathrm{T}}$ 表示飞行器三轴速度，由于飞行器在后续协同跟踪中需要调节空速大小进行跟踪的相位协同，因此，相比于式(2-1)，速度 $\boldsymbol{V}_0$ 需要满足范围 $[v_{\min}, v_{\max}]$。则易知：

$[v_{u,x} \neq 0 \bigcup v_{u,y} \neq 0, v_{u,z} = 0]$ 表示飞行器在平行于水平面的平面内做直线运动或偏航运动，此时 UAV 主要为跟踪目标机动或采取避障机动。

$[v_{u,x} \neq 0 \bigcup v_{u,y} \neq 0, v_{u,z} \neq 0]$ 表示飞行器做爬升或俯冲机动，水平面分速度不同时为 0 表示其不能做垂直机动，并认为该机动是危险的。

为了后续研究方便，将飞行器速度矢量 $\boldsymbol{V}_0$ 在水平面的投影矢量 $\boldsymbol{V}_0 \cdot \cos \beta$ 记作 $\boldsymbol{v}_0$，则式(5-1)的模型可以重新表示为

$$
\begin{cases}
\dot{x} = \boldsymbol{v}_0 \cdot \cos \psi \\
\dot{y} = \boldsymbol{v}_0 \cdot \sin \psi \\
\dot{z} = \boldsymbol{v}_0 \cdot \tan \gamma \\
\dot{\psi} = \omega
\end{cases} \tag{5-15}
$$

由于飞行器和移动机器人的运动学特性不同，为了使规划的航迹光滑可飞，对飞行器动力学约束进行规定，设飞行器路径由一组按序列表示的路径点组成，则对于任意路径点 $P_{u,k} = (x_{u,k}, y_{u,k}, z_{u,k})$，$\forall k = 1, 2, \cdots, K$，需要满足：

$$
\begin{cases}
|\psi_{k+1} - \psi_k| \leqslant \omega_{\max} \cdot \Delta T \\
v_{\min} \leqslant v_k \leqslant v_{\max} \\
h_{\min} \leqslant h_k \leqslant h_{\max} \\
\gamma_{\min} \leqslant \gamma_k \leqslant \gamma_{\max}
\end{cases} \tag{5-16}
$$

其中，$\omega_{\max}$ 表示最大转弯角速度，ΔT 表示采样时间，$\gamma_{\min}$ 和 $\gamma_{\max}$ 表示最小、最大俯仰角，$h_{\min}$ 和 $h_{\max}$ 表示飞行器飞行时的最小、最大飞行高度，设飞行最优高度为目标上空 H，$v_{\min}$ 和 $v_{\max}$ 表示飞行器飞行时的最小、最大速度。

在飞行过程中,飞行器之间为避免碰撞,需要保持一定的安全距离 d_{safe},图 5-3 为两个飞行器之间安全距离的示意图。

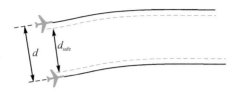

图 5-3　飞行器安全距离示意图

假设一个 MAV 和多个 UAV(飞行器数量为 N_s)协同执行目标跟踪任务,UAV 分别记作 UAV1 和 UAV2 等(飞行器标记顺序见 2.2.1 节)。协同路径规划问题中,UAV 和 MAV 之间的行为存在着耦合关系,耦合关系的存在会导致规划的失败。因此,在 UAV/MAV 协同目标跟踪任务中,将 MAV 作为长机(Leader),将其他的 UAV 作为从机(Follower),在避障机动中,飞行器之间可能会发生碰撞,导致距离小于 d_{safe},对于这些会在 5.4.2 节中进行解决。

对于传感器模型的修正,由于跟踪过程中飞行器存在高度的变化,这里忽略高度对传感器探测效果的影响,认为在飞行器的可飞行高度内,飞行器的探测效果是相同的,均为 R_{tect},其探测概率同式(5-9)。

5.4.2　目标和障碍物模型的修正

三维空间中,需要对目标和障碍物的模型进行重新修正,以保证跟踪任务的良好完成。设三维空间 $C_{3d}=(x,y,z)\in \mathbf{R}^3$ 存在一点目标,视其为只有速度的点,其坐标为 $P(\text{target})=(x_t,y_t,z_t)$,速度为 $\boldsymbol{V}_t=[v_{t,x},v_{t,y},v_{t,z}]^{\mathrm{T}}$,对于跟踪任务来说,成功的跟踪要求目标的速度满足以下关系:

$$|V_t|<|V_0| \tag{5-17}$$

接下来考虑对障碍物模型的修正。在第 4 章中,将不同形状的障碍物求取其外接圆作为规范后的障碍来处理,而在三维空间中,对障碍做如下处理:

① 建筑物、危险区域和山体。这些障碍在任务环境是最常见的,其中,危险区示意图如图 5-4 所示。以上三种障碍进行规范化处理后可以用锥体(Cone)、柱体(Cylinder)和长方体(Cuboid)表示。

② 飞行器。在协同目标跟踪任务中,飞行器均可以作为动态障碍来表示,在空间中对其进行避障机动可以从上、下、左、右四个方向避障,虽然在 5.4.1 节中将飞行器视作一个点,但是将其作为障碍来考虑时需要将其膨化为一个以安全距离 d_{safe} 为半径的球体(Sphere)。

则障碍物模型可以用公式表述为

$$\Gamma = \left(\frac{x - x_b}{a}\right)^{2p} + \left(\frac{y - y_b}{b}\right)^{2q} + \left(\frac{z - z_b}{c}\right)^{2r} \quad (5-18)$$

其中，a，b，c 是障碍物的大小参数，p，q，r 是障碍物的形状参数，(x_b, y_b, z_b) 为障碍物的中心坐标。$\Gamma = 1$ 表示障碍物的表面；$\Gamma < 1$ 表示障碍物内部，即危险区域；$\Gamma > 1$ 表示障碍物外围的安全空间。同时，由于本章采用第 4 章的方法进行避障，所以这里限制障碍的速度 V_b 小于飞行器的速度。

锥体、柱体、长方体和球体的仿真图分别如图 5-5～图 5-8 所示。

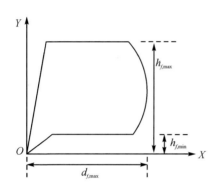

图 5-4　危险区垂直剖面

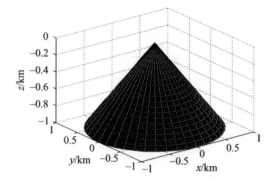

图 5-5　锥体($a = b$，$p = q = 1$，$r < 1$)

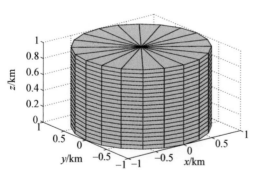

图 5-6　柱体($a = b$，$p = q = 1$，$r > 1$)

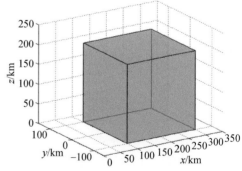

图 5-7　长方体($p > 1$，$q > 1$，$r > 1$)

为了方便后续仿真，对障碍求其外接圆柱，将障碍转化为柱体考虑，设环境中的障碍物大小相同，为半径均为 R_{obs} 的圆柱体障碍。同第 4 章，考虑将膨化一定安全距离的障碍物作为障碍物的外界，其半径为 R_{safe}，将飞行器视作一个质点，在安全圆柱体外部的飞行视作安全的飞行，同时被避碰的飞行器也视作半径为安全距离 d_{safe} 的动态圆柱体"虚拟障碍"进行考虑。

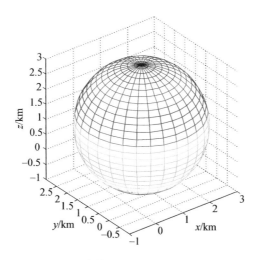

图 5 - 8　球体 $(a = b = c, p = q = r = 1)$

5.5　三维空间无人机协同跟踪

5.5.1　单个飞行器跟踪目标

5.3.2 节定义了二维平面上的 Lyapunov 函数,引导二维平面上的飞行器收敛到跟踪圆上。在三维空间中,飞行器以一定的水平速度 v_0 $(v_{\min} \leqslant v_0 \leqslant v_{\max})$ 跟踪空间一目标 $P(\text{target}) = (x_t, y_t, z_t)$,则需要将高度信息引入二维 Lyapunov 函数,构造三维空间 Lyapunov 函数:

$$V_{3d}(P) = \frac{1}{2}(r^2 - R_0^2)^2 + \frac{1}{2}(h^2 - H^2)^2 \qquad (5-19)$$

其中,$r = \sqrt{(x_u - x_t)^2 + (y_u - y_t)^2} = \sqrt{x_r^2 + y_r^2}$ 表示水平面上飞行器和目标的距离,$h = z_r = z_u - z_t$ 表示垂直方向上飞行器和目标的高度差。

基于式(5-19)可以获得三维空间的制导矢量场,矢量场引导飞行器飞行的速度式 v_{3d} 定义如下:

$$v_{3d}(u) = \begin{bmatrix} v_{3d,x}(u) \\ v_{3d,y}(u) \\ v_{3d,z}(u) \end{bmatrix} = \frac{v_0}{r \cdot (r^2 + R_0^2)} \begin{bmatrix} -x_r \cdot (r^2 - R_0^2) - y_r \cdot (2rR_0) \\ -y_r \cdot (r^2 - R_0^2) + x_r \cdot (2rR_0) \\ -\kappa \cdot r \cdot (h^2 - H^2) \end{bmatrix}$$

$$(5-20)$$

其中,κ 决定了垂直方向上收敛到期望最优高度 H 的收敛速率,同时由横纵坐标轴速度易知,水平面上的速度大小等于 $|v_0|$。则根据式(5-19)、式(5-20)进行求导可得

$$\frac{\mathrm{d}V_{3d}(P)}{\mathrm{d}t} = \left[\frac{\partial V(P)}{\partial x}, \frac{\partial V(P)}{\partial y}, \frac{\partial V(P)}{\partial z} \right] \cdot \begin{bmatrix} v_{3d,x}(u) \\ v_{3d,y}(u) \\ v_{3d,z}(u) \end{bmatrix}$$

$$= \frac{-2rv_0 \cdot (r^2 - R_0^2)^2 - 2\kappa v_0 \cdot (h^2 - H^2)^2}{r^2 + R_0^2} \qquad (5-21)$$

根据式(5-20)中各符号的定义可以知道:不等式 $\mathrm{d}V(P)/\mathrm{d}t \leqslant 0$ 恒成立。当飞行器处于跟踪圆上且处于最优高度时($r = R_0, h = H$),$\mathrm{d}V(P)/\mathrm{d}t = 0$。易知速度式(5-21)引导飞行器逐渐收敛并稳定在跟踪圆上。

根据式(5-21)可以得到期望的航向角 ψ:

$$\psi = \arctan\left(\frac{v_{3d,y}(u)}{v_{3d,x}(u)} \right) \qquad (5-22)$$

对式(5-22)进行求导,可以得到转弯角速度 $\dot{\psi}$:

$$\dot{\psi} = 4v_0 \cdot \frac{R_0 r^2}{(r^2 + R_0^2)^2} \qquad (5-23)$$

易知,式(5-23)存在最大值 $\dot{\psi}_{\max} = \dfrac{v_0}{R_0}$。同时,为了保证路径适合飞行器飞行,需要满足 $\dfrac{v_0}{R_0} \leqslant \omega_{\max}$。

同时,可以得到俯仰角 γ:

$$\gamma = \arctan\left(\frac{v_{3d,z}(u)}{v_0} \right) = \arctan\left(\frac{-\kappa \cdot (h^2 - H^2)}{r^2 + R_0^2} \right) \qquad (5-24)$$

由于飞行器飞行高度需要满足 $h_{\min} \leqslant h \leqslant h_{\max}$,且反正切函数单调递增,代入式(5-24)可以得到俯仰角 γ 的范围:

$$\gamma \in \left[\arctan\left(\frac{-\kappa \cdot (h_{\min}^2 - H^2)}{r^2 + R_0^2} \right), \arctan\left(\frac{-\kappa \cdot (h_{\max}^2 - H^2)}{r^2 + R_0^2} \right) \right]$$

为了保证路径的可飞性,则 κ 满足:

$$0 \leqslant \kappa \leqslant \min\left\{ \frac{-\tan\gamma_{\min} \cdot R_0^2}{h_{\max}^2 - H^2}, \frac{-\tan\gamma_{\max} \cdot R_0^2}{h_{\min}^2 - H^2} \right\}$$

如果需要跟踪的目标是一速度为 $\boldsymbol{V}_t = [v_{t,x}, v_{t,y}, 0]^\mathrm{T}$ 的动态目标,则飞行器在跟踪目标时,需要抵消目标运动带来的影响,即在目标的相对速度坐标系内,飞行器收敛到跟踪圆上,因此,重定义跟踪动态目标的速度式:

$$v_{3d,do}(u) = \begin{bmatrix} \lambda \cdot v_{3d,x}(u) & \lambda \cdot v_{3d,y}(u) & v_{3d,z}(u) \end{bmatrix}^\mathrm{T} + \begin{bmatrix} v_{t,x} & v_{t,y} & 0 \end{bmatrix}^\mathrm{T}$$

$$(5-25)$$

其中,λ 含义同第 4 章,表示水平面速度协同系数,根据第 4 章式(4-10),水平面速度需要满足：

$$(v_{3d,x}^2 + v_{3d,y}^2) \cdot \lambda^2 + 2\lambda \cdot (v_{3d,x}v_{t,x} + v_{3d,y}v_{t,y}) + v_{t,x}^2 + v_{t,y}^2 - v_0^2 = 0$$

$$(5-26)$$

由于飞行器成功跟踪目标的条件是飞行器速度大于目标的速度。在该条件下，式(5-26)必定存在正数解。在式(5-25)引导下，飞行器需要收敛到跟踪圆，因此，对式(5-19)关于式(5-25)求导：

$$\frac{\mathrm{d}V_{3d}(P)}{\mathrm{d}t} = \frac{-2\lambda r v_0 \cdot (r^2 - R_0^2)^2 - 2\kappa v_0 \cdot (h^2 - H^2)^2}{r^2 + R_0^2} \leqslant 0 \quad (5-27)$$

因此，在速度式(5-27)引导下，在目标的相对参考系内，飞行器仍能收敛到跟踪圆上并收敛到最优跟踪高度(见图5-9、图5-10)，且速度是原来的 λ 倍。

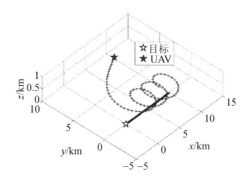

图 5-9　单个飞行器跟踪动态目标(惯性参考系)

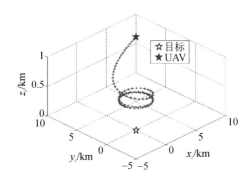

图 5-10　单个飞行器跟踪动态目标(目标相对参考系)

为了保证跟踪动态目标时路径的可行性，此时需要重新考虑航向角 ψ 和俯仰角 γ。

根据式(5-25)，航向角 ψ 为

$$\psi = \arctan\left(\frac{\lambda \cdot v_{3d,y}(u) + v_{t,y}}{\lambda \cdot v_{3d,x}(u) + v_{t,x}}\right) \qquad (5-28)$$

同静态目标的跟踪,对式(5-28)求导可以得到转弯角速度 $\dot{\psi}$:

$$\dot{\psi} \leqslant 4(\lambda^2 + \lambda)v_0 \cdot \frac{r^2 R_0}{(R_0^2 + r^2)^2} \qquad (5-29)$$

对式(5-29)进行变形,可以得到半径 R_0 的取值范围:

$$R_0 \geqslant \frac{v_0 \cdot (\lambda + \lambda^2)}{\omega_{max}} \qquad (5-30)$$

对于俯仰角 γ 的讨论,在本章中由于考虑的目标运动仅仅为二维平面上的运动,因此易知其结果同跟踪静态目标时的结果。若目标存在 z 轴方向上的机动,则根据 $h = z_r = z_u - z_t$ 可知,飞行器在跟踪过程中仍能收敛到最优高度,本章不做重复仿真说明。

5.5.2　有人机/无人机协同跟踪目标

5.5.1 节讨论了单个飞行器跟踪动、静态目标,并讨论了其速度式和动力学约束问题。在跟踪目标的过程中,飞行器需要根据自身的传感器,包括机载摄像装置、红外探测头等,来获取一定区域内的目标信息。由于传感器探测范围的限制、目标机动的影响和必要的避障机动,单个飞行器跟踪目标有可能导致跟踪的失败。而采用多个飞行器协同跟踪目标,则能增加传感器探测面积,提升跟踪的鲁棒性。只要有一个飞行器探测到目标信息,就能够根据机间数据链进行共享。多个飞行器同时探测到目标,则能够减小感知误差,增强定位的准确性。

多个飞行器协同跟踪目标时(本章以一个 MAV 和两个 UAV 协同为例),飞行器不仅要收敛到期望的跟踪圆上,同时还要收敛到一定的相位间隔。多机协同中,分为相位控制和航向控制。式(5-20)、式(5-25)为航向控制,控制飞行器收敛到跟踪圆上,之后根据相位控制调整飞行器水平飞行速度 v_0 的大小使其收敛到一定的相位间隔。根据式(5-22)易知其不会影响飞行器收敛到跟踪圆。

接下来,考虑飞行器相位协同问题。考虑一架 MAV 和两架 UAV 协同跟踪一目标。以目标为原点,构建平面 xOy 坐标系,记以目标为起点,MAV 为终点的位置矢量为 $\overrightarrow{TM}$(则以 UAV_i($i = 1,2$)为终点的位置矢量表示为 $\overrightarrow{TU_i}$),则飞行器对应的相位角 φ_j 定义为 x 轴绕目标点逆时针旋转过的角度,其中,$j = 1$ 表示 MAV,$j = 2$、3 表示 UAV_1 和 UAV_2。则飞行器协同跟踪目标示意图如图 5-11 所示。

相邻两架飞行器相位差设为 $\Delta\phi_i$(如 MAV 的相位 ϕ_1 和 UAV_1 的相位 ϕ_2 的相位差为 $\Delta\phi_1$,UAV_1 的相位 ϕ_2 和 UAV_2 的相位 ϕ_3 的相位差为 $\Delta\phi_2$,以此类推),均匀分布的相位差需要满足:

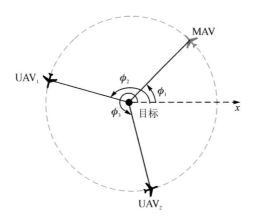

图 5 - 11　协同跟踪目标示意图

$$\Delta\phi_1 = \Delta\phi_2 = \frac{2\pi}{3} \tag{5-31}$$

保证相位收敛的 Lyapunov 函数可以定义如下：

$$V_p(P) = (\phi_2 - \phi_1 - \Delta\phi_1)^2 + (\phi_3 - \phi_2 - \Delta\phi_2)^2 \tag{5-32}$$

对上式求导，得到

$$\frac{\mathrm{d}V_p(P)}{\mathrm{d}t} = 2(\phi_2 - \phi_1 - \Delta\phi_1)(\dot\phi_2 - \dot\phi_1) + 2(\phi_3 - \phi_2 - \Delta\phi_2)(\dot\phi_3 - \dot\phi_2)$$

$$\tag{5-33}$$

为了使上式小于等于 0 恒成立，在这里定义：

$$\begin{cases} \dot\phi_2 - \dot\phi_1 = -k_1(\phi_2 - \phi_1 - \Delta\phi_1) \\ \dot\phi_3 - \dot\phi_2 = -k_2(\phi_3 - \phi_2 - \Delta\phi_2) \end{cases} \tag{5-34}$$

其中，k_1,k_2 为保证飞行器收敛的系数，恒大于 0。由于 MAV 在飞行时，不断改变速度的大小会导致驾驶员疲劳，因此，设 $\dot\phi_1 = v_0/R_0$，则根据式(5-34)可以很容易推导出 $\dot\phi_2,\dot\phi_3$ 的值，式(5-33)恒小于等于 0，飞行器在有限时间内会逐渐收敛到期望的相位间隔，则可以获得飞行器的水平面速度为

$$\begin{cases} v_1 = R_0 \cdot \dot\phi_1 \\ v_2 = R_0 \cdot \dot\phi_2 \\ v_3 = R_0 \cdot \dot\phi_3 \end{cases} \tag{5-35}$$

根据反正切函数可以计算出相位角的角度值，则易知 $-\pi \leqslant \phi_2 - \phi_1 - \Delta\phi_1 \leqslant \pi$ 和 $-\pi \leqslant \phi_3 - \phi_2 - \Delta\phi_2 \leqslant \pi$ 成立。为了保证满足 5.5.1 节中的约束条件，飞行器水平面速度 v_0 需要满足 $v_0 \in [v_{\min}, v_{\max}]$，那么 k_1,k_2 的范围也可以分别计算出来。

利用式(5-35)替换式(5-20)中的速度 v_0 则可以保证飞行器按一定间隔收敛

到跟踪圆。

当多飞行器协同跟踪的目标是动态目标时,同单个 UAV 跟踪目标,可以求出合适的 λ 值保证 $dV_p(P)/dt \leqslant 0$,在绝对坐标系里,式(5-20)中三个飞行器速度大小等于 v_1,v_2,v_3,但是在目标相对参考系内这点可能无法满足,从而导致飞行器收敛过程存在震颤现象。

5.6　协同跟踪的滚动优化

5.6.1　模型预测控制

由于目标跟踪任务中,UAV 的运动轨迹为变速曲线运动,因此存在即使 UAV 距离障碍很近,也不会发生碰撞的情况,而第 4 章中 UAV 是直接飞向目标点的,只有在判断可能发生碰撞时才进行避障机动。这里采用 VCMPC 方法来进行处理。方法同第 3 章,这里不做重复论述。但是由于跟踪和搜索问题的侧重点不同,需要对增益 $J(k)$ 重新分析。

对于目标跟踪问题,主要关注的在于目标是否处于传感器范围内、飞行器的飞行安全程度和路径平滑度。下面以这三项指标为主要指标进行讨论。

(1)目标跟踪增益 $J_T(k)$

$J_T(k)$ 表示目标处于传感器范围内时的增益,则 $J_T(k)$ 表示如下:

$$J_T(k) = \begin{cases} p_T^j(1-p_T)^{N_s-j}, j \neq 0 \\ 0, j = 0 \end{cases}$$

其中,j 表示目标处于 j 架飞行器传感器范围内。当 $J_T(k)$ 等于 0 时,表示没有飞行器感知到目标,跟踪任务失败。

(2)飞行器安全程度 $J_O(k)$

$J_O(k)$ 表示飞行器的安全程度,与环境中的障碍和其他飞行器对飞行造成的影响有关,$J_O(k)$ 表示为

$$J_O(k) = \sum_{i=0}^{N_T} \sum_{j=0}^{N_s} \left(1 - \frac{R_{i,\text{safe}}}{|P_{j,u}(k) - P_{i,\text{obs}}(k)|}\right)$$

其中,N_T 为障碍物数量,$P_{i,\text{obs}}(k)$ 表示 k 时刻第 i 个障碍的位置,$P_{j,u}(k)$ 表示 k 时刻第 j 个飞行器的位置。

(3)路径平滑度 $J_P(k)$

路径平滑度 $J_P(k)$ 表示飞行器飞行过程中的机动情况,路径越平滑飞行器的控制输入越小,能耗等也越低,$J_P(k)$ 表示为

$$J_P(k) = \frac{1}{N_s} \cdot \sum_{j=0}^{N_s} | \psi_{j,u}(k) - \psi_{j,u}(k-1) |$$

则综合增益 $J(k)$ 表示为

$$J(k) = c_1 \cdot \bar{J}_T(k) + c_2 \cdot \bar{J}_O(k) - c_3 \cdot \bar{J}_P(k)$$

其中，$\bar{J}_T(k)$、$\bar{J}_O(k)$、$\bar{J}_P(k)$ 表示上述三个增益标准化后的结果，其系数 c_1、c_2、c_3 满足 $c_1 + c_2 + c_3 = 1$。

5.6.2　避障机动和卡尔曼滤波

第 4 章提出了基于双旋 LVF 的平面避障算法，该方法具有良好的避障性能，由于在三维空间中，首先，根据 5.5.2 节的障碍物模型可知，规范化后的障碍物为包络其外接面的半径为 R_{safe} 的圆柱体障碍物，对于虚拟障碍物——飞行器，则视作半径为 d_{safe} 的动态圆柱体障碍。

由 5.6.1 节的式（5-20）可知，飞行器飞行中在水平面的速度模值恒等于 v_o，即飞行器在 z 轴方向上的机动不会影响水平面的速度，将三维速度矢量投影在水平面上，则飞行器在三维空间的避障过程即可转化为第 4 章中的平面避障问题。

其次，由于传感器探测的不确定性，飞行器获取的目标信息是不准确的，需要通过扩展卡尔曼滤波（Extended Kalman Filter，EKF）来减小探测误差并预测目标运动趋势，设目标状态信息为 $\boldsymbol{X}_{t,k} = [x_{t,k}, y_{t,k}, v_{t,x}, v_{t,y}]^T$，对应的观测值为 $\boldsymbol{Z}_{t,k} = [x_{t,k}, y_{t,k}]^T$，因此 EKF 的状态方程和观测方程为

$$\begin{cases} \boldsymbol{X}_{t,k+1} = f(\boldsymbol{X}_{t,k}) + \boldsymbol{w}_{t,k} \\ \boldsymbol{Z}_{t,k+1} = h(\boldsymbol{X}_{t,k}) + \boldsymbol{v}_{t,k} \end{cases} \tag{5-36}$$

其中，f、h 分别为动态目标的状态方程和观测方程；$\boldsymbol{w}_{t,k}$、$\boldsymbol{v}_{t,k}$ 分别为零均值高斯白噪声和观测噪声，满足 $p(w) \sim N(0, \boldsymbol{Q})$ 和 $p(v) \sim N(0, \boldsymbol{R})$，$\boldsymbol{Q}$、$\boldsymbol{R}$ 是对应的协方差矩阵，EKF 的流程如图 5-12 所示。状态矩阵 $\boldsymbol{F}_k$ 和观测矩阵 $\boldsymbol{H}_k$ 是 f、h 分别求偏导数计算出来的雅克比矩阵。

$$\boldsymbol{F}_k = \begin{bmatrix} \dfrac{\partial f_1}{\partial x_{t,k}} & \cdots & \dfrac{\partial f_1}{\partial v_{t,y}} \\ \vdots & & \vdots \\ \dfrac{\partial f_4}{\partial x_{t,k}} & \cdots & \dfrac{\partial f_4}{\partial v_{t,y}} \end{bmatrix}, \quad \boldsymbol{H}_k = \begin{bmatrix} \dfrac{\partial h_1}{\partial x_{t,k}} & \dfrac{\partial h_1}{\partial y_{t,k}} \\ \dfrac{\partial h_2}{\partial x_{t,k}} & \dfrac{\partial h_2}{\partial y_{t,k}} \end{bmatrix}$$

当多个飞行器协同进行目标跟踪和避障时，航向控制和相位控制会引导飞行器逐渐收敛到适当的间隔，期间飞行器不会发生碰撞。而当需要进行避障机动时，飞行器之间可能会发生碰撞，造成机毁人亡的危险。因此需要将可能发生碰撞的飞行

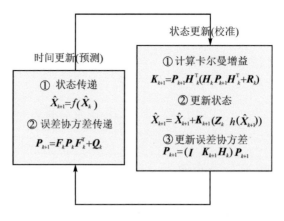

图 5 - 12　EKF 过程

器当作"动态障碍"进行规避,而由于飞行器之间相互的避障机动存在耦合,可能导致避障的失败。因此需要对协同中的避障进行分析。

当 MAV 和两架 UAV 协同进行目标跟踪任务时,若判断需要进行避障,依次按照 MAV、UAV_1、UAV_2 的顺序进行避障判定。首先对于 MAV,MAV 需要进行避障的仅仅是环境中存在的障碍,MAV 利用基于双旋 Lyapunov 矢量场的避障算法可以直接解算出避障速度;对于 UAV_1,若 UAV_1 在避障过程中会碰撞到 MAV,则 UAV_1 将 MAV 视作动态障碍进行避障;对于 UAV_2,若飞行中会碰撞到 MAV 和 UAV_1,则将 MAV 和 UAV_1 作为障碍进行避障。由于在前面已经论证过基于双旋 Lyapunov 矢量场的避障方法的有效性,易知该处飞行器之间可以成功避障,不会发生碰撞。

5.7　三维跟踪仿真验证及分析

5.7.1　单个飞行器目标跟踪及避障仿真验证

本章所有仿真实验均在 MATLAB R2014a 仿真软件上运行,电脑处理器为英特尔 Core i5——3230M@2.6 GHz,RAM 的大小为 4 GB。

首先考虑单个 UAV 三维空间中的动态目标的跟踪及避障情况。假设空间中有一运动目标,其起始位置坐标为 $P(\text{Target}) = (1,1,0)$,其运动轨迹方程为

$$\begin{cases} x = 1 + 0.025 \cdot t \\ y = \sin(0.01\pi \cdot t) + \cos(0.005\pi \cdot t) \\ z = 0 \end{cases}$$

UAV 初始位置坐标为 $P(\text{UAV}) = (4,4,2)$,初始速度方向为 $(-1,-1,0)$,水

平面速度 $v_0 = 0.1\ \mathrm{km/s}$,对上述目标实施跟踪。必要的参数如表 5-1 所列。

表 5-1 仿真实验必需的参数

参 数	取 值
采样时间 $\Delta T/\mathrm{s}$	1
跟踪半径 R_0/km	1.5
最大转弯角速度 $\omega_{\max}/(\mathrm{rad \cdot s^{-1}})$	0.1
最大/最小俯仰角 $\gamma_{\max},\gamma_{\min}/(°)$	$-30,30$
最大/最小飞行高度 $h_{\max},h_{\min}/\mathrm{km}$	2,0.5
探测半径/km	3
最优高度 H/km	1
高度收敛速率 κ	0.15
UAV 和目标的安全距离 $d_{\mathrm{safc}}/\mathrm{km}$	0.1

已知 UAV 水平面速度 v_0 和跟踪半径 R_0,则根据式(5-10)部分可知,$v_0/R_0 = 0.066\ 7 < \omega_{\max}$,且 $v_0/\omega_{\max} = 1$,可知当跟踪半径大小为 1 km 时也能满足条件,由于避障时障碍物的半径为 $R_{\mathrm{obs}} = 1\ \mathrm{km}$,可知当 UAV 基于双旋 Lyapunov 矢量场法对障碍进行避障时,能够满足转弯角速度约束。

从表 5-1 中可以获取到最大/最小航迹角和最大/最小飞行高度,根据 $\dfrac{-\tan\gamma_{\min} \cdot R_0^2}{h_{\max}^2 - H^2}$,$\dfrac{-\tan\gamma_{\max} \cdot R_0^2}{h_{\min}^2 - H^2}$ 可以求得 κ 范围为 $0 < \kappa \le 0.414\ 2$,由于障碍物避障时,障碍物半径为 $R_{\mathrm{obs}} = 1\ \mathrm{km}$,此时求得的 κ 的范围为 $0 < \kappa \le 0.176\ 3$,可知高度收敛速率 $\kappa = 0.15$ 满足条件。

先验证 EKF,对上述目标运动方程进行 EKF 滤波,其测量值、观测值和真实值如图 5-13 所示。

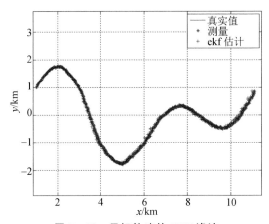

图 5-13 目标轨迹的 EKF 滤波

从图 5-13 可以看出,EKF 对目标的轨迹误差很小,能够非常近似地拟合目标的真实轨迹。

设三维空间中,坐标(6.4,1.2,0)处有一半径 $R_{obs}=1$ km 的圆柱体障碍物,首先考虑 MPC 预测时间域 N 对仿真的影响,然后根据上述参数进行跟踪仿真。结果如表 5-2 所列。

表 5-2 仿真结果对比

时间域步数 N	和障碍的距离/km	和目标的距离/km	最大规划时间/s
10	1.046 3	0.893 0	0.335 5
20	1.085 4	1.068 9	0.613 9
25	1.085 0	1.045 2	0.765 7
30	1.084 8	0.915 5	0.916 7
40	1.085 4	1.002 6	1.117 1

从表 5-2 中可以看出,随着时间域 N 的增加,规划时间逐渐增加,较长的时间域使得 UAV 能够更早地感知到障碍并提前进行规避,当 N=10 时,UAV 因为来不及避障而侵犯障碍物圆柱体,从而导致避障失败。综合表中数据,选择 N=30 作为预测时间域的长度,N=30 时 UAV 跟踪动态目标的仿真图如图 5-14～图 5-16 所示。

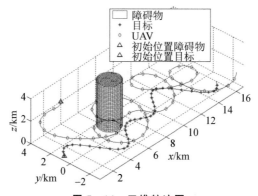

图 5-14 三维航迹图

可以看出,UAV 从起始姿态调整逐渐收敛到跟踪圆上,并收敛到最优跟踪高度上,对目标实施有效的跟踪,当在跟踪过程中遇到障碍时,结合第 4 章的避障方法进行避障,并对目标实施重跟踪。

接下来验证跟踪过程中的动力学约束,从图 5-17 可以得到,UAV 在整个机动过程中,转弯角速度一直处于给定的最大转弯角速度限制下。从图 5-18 可以得到,UAV 的俯仰角也远远没有超过约束的范围。

从图 5-19 可以得到,UAV 始终处于障碍安全圆外部,UAV 和目标的距离也

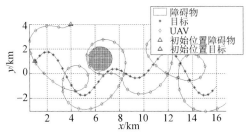

图 5 - 15 x - y 平面视图

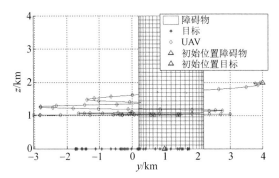

图 5 - 16 y - z 平面视图

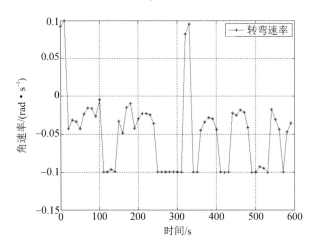

图 5 - 17 转弯角速率变化图

大于 UAV 和目标的安全距离 d_{safe},路径是安全且可飞的。从图 5 - 20 可以得到,每一次规划的时间都小于 1 s,则易知 UAV 在到达下个目标点前就能规划好新的路径,图 5 - 20 中任务刚开始时规划时间大于 1 s,原因是仿真开始时参数初始化等步骤占用了一定的时间,从总体来说,规划时间满足任务要求。

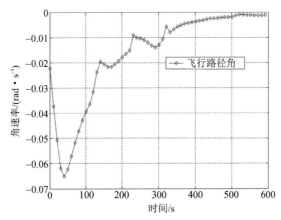

图 5 - 18　俯仰角变化图

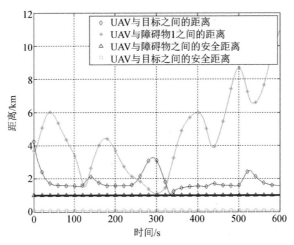

图 5 - 19　距离变化图

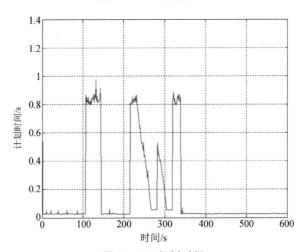

图 5 - 20　规划时间

接下来考虑多个障碍存在的情况下的目标跟踪和避障问题,其航迹仿真图如图 5 - 21~图 5 - 23 所示。

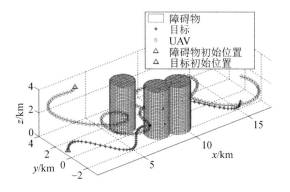

图 5 - 21　三维航迹图

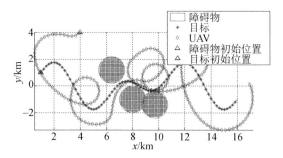

图 5 - 22　$x - y$ 平面视图

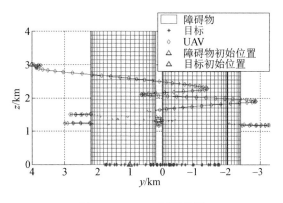

图 5 - 23　$y - z$ 平面视图

如图 5 - 24~图 5 - 26 所示,从多个障碍物的避障仿真图可以看出,UAV 在避障的同时能够和目标保持较近的距离,图 5 - 24 中 UAV 在 120 s 和 480 s 时和目标的距离出现波动,原因是目标做变速曲线运动,在类正弦曲线波峰波谷处造成的。

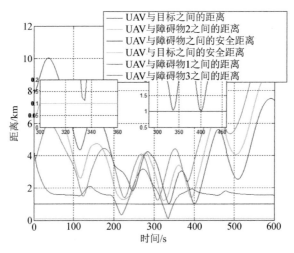

图 5 - 24　距离变化图

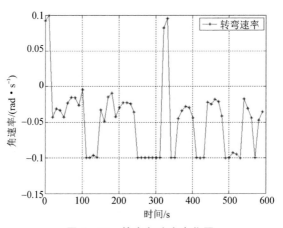

图 5 - 25　转弯角速率变化图

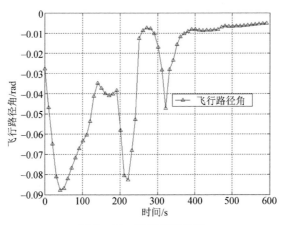

图 5 - 26　俯仰角变化图

5.7.2　协同目标跟踪及避障仿真验证

MAV/UAV 协同跟踪目标,假设目标的运动同 5.7.1 节,由于多飞行器协同跟踪目标时需要控制空速 v_0 的大小使得飞行器收敛到固定的相位间隔,这里给出多飞行器协同时的一些必要参数(见表 5-3),其他参数同 5.7.1 节。

表 5-3　多飞行器协同补充参数

参　数	取　值
最小/最大空速 v_{min},v_{max}/(km·s^{-1})	0.07,0.13
相位控制系数 k_1,k_2	0.006,0.009

首先,验证基于 Lyapunov 矢量场的多飞行器协同目标跟踪,为了表示方便,利用三个 UAV 协同跟踪坐标为(1,0,0)的静态目标,其仿真图如图 5-27~图 5-31 所示。

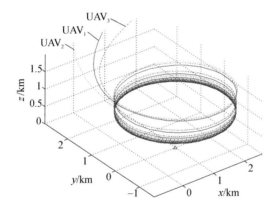

图 5-27　3UAV 协同跟踪静态目标

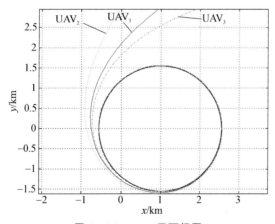

图 5-28　x-y 平面视图

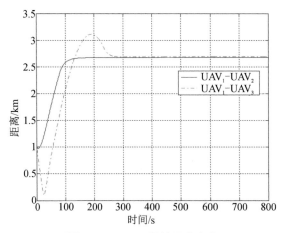

图 5 - 29　UAV 间的距离变化

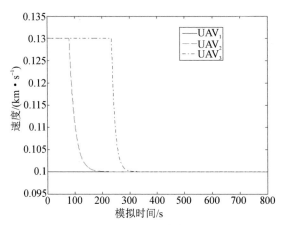

图 5 - 30　速度变化图

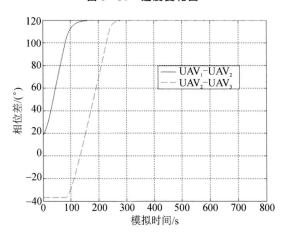

图 5 - 31　UAV 间的相位差

　　三个 UAV 在有限时间内,不仅收敛到了最优高度,也以一定的相位间隔收敛到了跟踪圆上,完成了对静态目标的跟踪。

　　接下来考虑 MAV/UAV 协同跟踪动态目标和避障问题,目标的运动方程同5.7.1 节,障碍为坐标 $(8,-1,0)$ 处半径 $R_{obs}=1$ km 的圆柱体障碍,以及避障时可能存在的"虚拟障碍",MAV、UAV_1 和 UAV_2 的坐标分别为 $(4,4,2)$,$(3,4,2)$ 和 $(2,4,2)$,初始航向分别为 $(-1,-1,0)$,$(-1,1,0)$ 和 $(-1,1,0)$。

　　其仿真结果如图 5-32～图 5-37 所示。

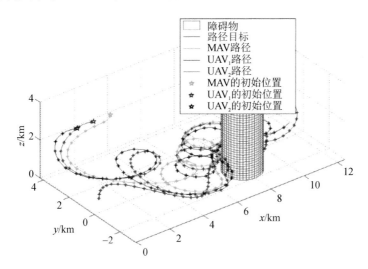

图 5-32　三维航迹图

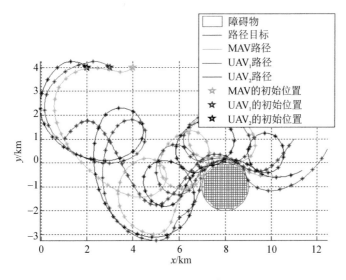

图 5-33　$x-y$ 平面视图

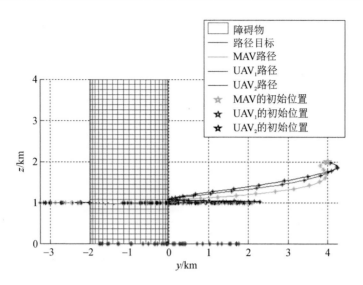

图 5 - 34　　*y* - *z* 平面视图

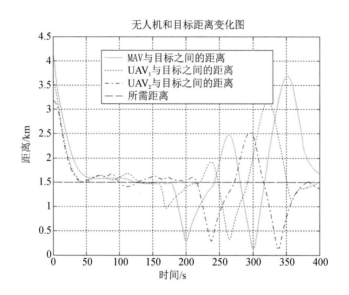

图 5 - 35　飞行器和目标的距离变化图

　　从仿真图 5 - 32 中可以看出,飞行器从初始航向逐渐调整实现对目标的协同跟踪,当探测到障碍并判定其需要规避时,能够安全避障并逐步实现对目标的重新跟踪,虽然在避障过程中飞行器和目标的距离会增大从而不适合跟踪,但是其他飞行器处于有效的跟踪距离,保证了目标跟踪的效果。

　　图 5 - 38 为 MAV/UAV 协同跟踪交互界面,其中"任务"标签表示任务类别,分为跟踪(Track)、右方避障(RAvoid)和左方避障(LAvoid),"目标"标签表示任务执

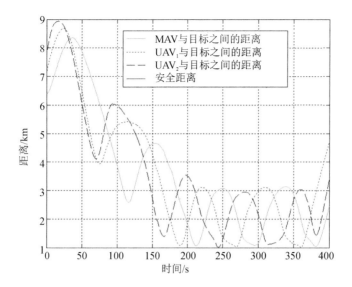

图 5 - 36　飞行器和障碍的距离变化图

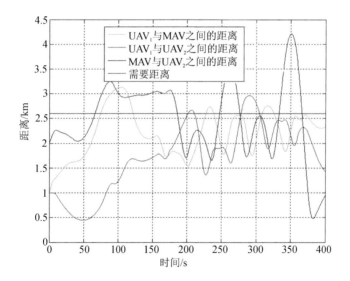

图 5 - 37　飞行器之间的距离变化图

行的对象,分为障碍(Obstacle)和跟踪的目标(Target)。在表 5 - 1 仿真参数下进行仿真,图 5 - 39 为 UAV2 探测到障碍,此时虽然没有避障需求,但是 MAV 考虑到障碍后方环境不明,指挥 UAV2 从右方避障完成对障碍后方的侦察,图 5 - 40 为 UAV2 避障完成后重新协同跟踪目标。

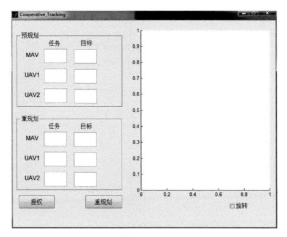

图 5 - 38　　协同跟踪任务交互界面

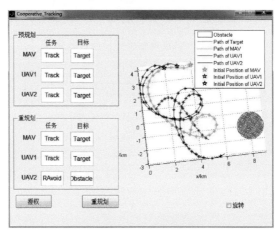

图 5 - 39　　149 s 时的航迹图

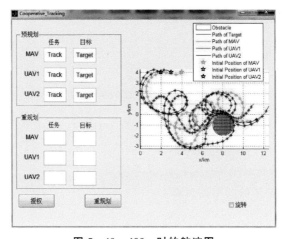

图 5 - 40　　400 s 时的航迹图

5.8　本章小结

为了分别解决二维和三维空间中的目标跟踪和避障问题,利用基于 Lyapunov 矢量场的避障算法进行了实现。根据目标跟踪和避障问题的特点,对飞行器、目标和障碍物模型进行了修正。研究了单个 UAV 跟踪目标和多飞行器协同跟踪目标问题,并对其中的参数进行了计算求解。为了解决多 UAV 协同跟踪目标时,避障过程中飞行器的碰撞问题,将其他飞行器转化为"虚拟障碍"进行规避,并设计了高智能决策下的 MAV/UAV 协同跟踪界面,最后仿真结果实现了单个飞行器和 UAV 协同跟踪目标和避障仿真。

第 6 章 基于双圆弧法的多 UAV 逼近目标跟踪域路径求解

6.1 引 言

由于受到距离限制,UAV 无法从出发位置就开始对目标实施跟踪制导,而是需要先飞行至目标跟踪域内后才能开始对目标进行跟踪。当多个 UAV 协同时,要求各 UAV 到达跟踪域的时间控制在一定范围之内,同时,为了尽可能便于 UAV 对目标进行跟踪,对到达跟踪域时的 UAV 航迹方位角也设有一定的限制。除此之外,需要考虑 UAV 由起始点到跟踪域之间可能存在的多个障碍威胁,如图 6-1 所示。

因此,需要为 UAV 设计一种能够快速逼近跟踪域的路径规划方法,引导 UAV 安全避开障碍物威胁,按要求到达跟踪域。

本章以双圆弧(Binary Arc,Bi-arc)法为基础设计多 UAV 路径协同规划方案。该方法使多 UAV 在同时满足时间和角度约束的条件下,引导 UAV 安全避开障碍物,并按要求协同逼近目标跟踪域。通过对双圆弧参数解析式推导,分析双圆弧路径特点,给出双圆弧路径单参数生

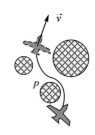

图 6-1 多约束条件下 UAV 路径规划图

成方法,在此基础上设计多 UAV 协同任务路径规划方案。最后,基于多 UAV 同时到达时间存在性证明,确定了任务可执行时间范围。基于双圆弧法的多 UAV 协同路径规划方法提高了 UAV 跟踪任务的执行效率。

6.2 多约束条件下多 UAV 协同路径规划模型建立

对于图 6-1 所示的 UAV 路径规划模型,假设给定单架 UAV 初始起飞点位姿信息 $\text{pose}_s(x_s, y_s, \varphi_s)$、末端目标点位姿信息 $\text{pose}_f(x_f, y_f, \varphi_f)$ 以及 UAV 最大转弯曲率 $\kappa_{\max}$,则在二维平面中,UAV 从起始点到目标点的飞行路径 $r(t)$ 可表示为

$$\text{pose}_s(x_s, y_s, \varphi_s) \xrightarrow{\amalg r(t)} \text{pose}_f(x_f, y_f, \varphi_f) \qquad (6-1)$$

其中,(x_s, y_s) 为出发点 v_s 坐标;(x_f, y_f) 为目标点 v_f 坐标;φ_s 和 φ_f 分别为起始点

和目标点处 UAV 的航迹方位角;$\amalg r(t)$ 表示 UAV 受到的约束条件,主要包括 T 和 φ_{arrival},其中 $t_{\text{arrival}} \in T$,$\varphi_{\text{arrival}} \in \varphi_d$,分别表示多 UAV 可协同执行跟踪任务的时间范围和角度限制。

为保证 UAV 飞行过程连续,尽可能减少飞行速度大小的改变,即要求 UAV 飞行路径曲率连续,UAV 的优选路径应尽量由直线和圆弧组成,且在过渡段平滑。本文基于双圆弧法进行 UAV 路径规划求解,在单架 UAV 路径规划基础上研究如何进行多 UAV 协同路径规划。

6.3　双圆弧路径单参数生成方法

近年来,多位学者对双圆弧制导律及路径规划方法进行了研究[63-68]。研究结果表明,双圆弧方法能够较好实现 UAV 在飞行过程中时间和角度的协调。然而,如今的方法普遍存在路径规划所需输入参数过多,生成路径计算负荷大的问题。因此,如何降低双圆弧路径规划参数输入数量是一个值得研究的热点问题。本章通过寻求双圆弧参数解析解,得到生成双圆弧路径的单参数,为多约束条件下 UAV 快速路径规划奠定了基础。

6.3.1　双圆弧法

如图 6-2 所示,双圆弧路径由两个恒定曲率的弧段 $\overset{\frown}{v_s v_i}$ 和 $\overset{\frown}{v_i v_f}$ 连接初始点 v_s 与末端点 v_f。其中,单个弧段的确定需要一个参数——圆弧曲率 κ。

假设在 UAV 起始点和目标点处速度矢量分别为 $v_s(n_s, t_s)$ 和 $v_f(n_f, t_f)$,基于 UAV 初始点与末端点的速度矢量方向,可将规划的路径分为四种情况,如图 6-3 所示。

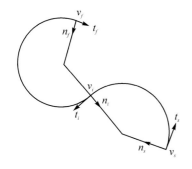

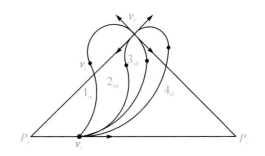

图 6-2　双圆弧路径　　　　　　　图 6-3　UAV 初始及末端速度矢量方向分类图

根据图 6-3 中四种情况下速度矢量 v_s 和 v_f 与点 P_t 之间的指向关系,可得双圆弧路径具体分类如表 6-1 所列。

表 6-1　四种情况下初始及末端速度方向

情况	初始速度方向	末端速度方向
1	→P_t	→P_t
2	←P_t	←P_t
3	→P_t	←P_t
4	←P_t	→P_t

其中,P_t 为速度方向的切线交点(Tangent Intersection Point,TIP)。由于部分情况类似,本文针对情况 1 和情况 3 进行详细研究。

6.3.2　双圆弧参数解析式推导

为了生成 UAV 可飞行路径,需要解算初始圆弧半径 r_s 和末端圆弧半径 r_f。在图 6-2 中,连接两圆弧段起始点与末端点,即圆弧 $\overset{\frown}{v_s v_i}$ 和圆弧 $\overset{\frown}{v_i v_f}$ 对应的弦,同时连接初始点 v_s 和末端点 v_f,得到如图 6-4 所示的双圆弧法原理图。下面对情况 1 和情况 3 进行详细分析。

1. 圆弧半径计算

情况 1　初始及末端速度方向都朝向切线交点 P_t,如图 6-4 所示。

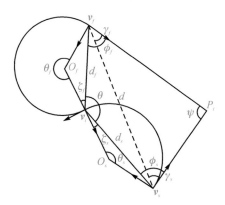

图 6-4　双圆弧路径

在图 6-4 中,初始速度矢量 $\boldsymbol{v}_s$ 与末端速度矢量 $\boldsymbol{v}_f$ 相交于切线连接点 P_t,θ_s、θ_f 分别为初始、末端圆弧所对应的圆心角,θ 为 $v_s v_i$ 与 $v_i v_f$ 的夹角,ξ_s 和 ξ_f 分别为 $v_s v_i$ 和 $v_i v_f$ 与 $O_s O_f$ 之间的夹角,ϕ_s 和 ϕ_f 分别为初始、末端速度方向与 $v_s v_i$、$v_i v_f$ 之间的夹角,ψ 为初始、末端 UAV 速度矢量所在直线相交形成的夹角。

根据 P_t、v_s、v_i 以及 v_f 四个点所组成的四边形,角 θ 可以表示为

$$\theta = 2\pi - \phi_s - \phi_f - \psi \tag{6-2}$$

根据三角形 $\triangle(v_s, v_i, O_s)$ 以及三角形 $\triangle(v_f, v_i, O_f)$ 的内部角度关系，角 θ 亦可表示为

$$\theta = \pi - \zeta_s - \zeta_f \tag{6-3}$$

其中，$\zeta_s = \pi/2 - \phi_s$，$\zeta_f = \pi/2 - \phi_f$。联立式(6-2)、式(6-3)，得到

$$\phi_f = \pi - \psi/2 - \phi_s \tag{6-4}$$

在三角形 $\triangle(v_s, v_i, v_f)$ 中，根据正弦定理，可得

$$d_s = d\,\frac{\sin(\phi_f - \gamma_f)}{\sin\theta} \tag{6-5}$$

$$d_f = d\,\frac{\sin(\phi_s - \gamma_s)}{\sin\theta} \tag{6-6}$$

其中，d 为起始点 v_s 和目标点 v_f 之间的欧式距离 $\|\overrightarrow{v_s v_f}\|$。

因此，初始弧段和末端弧段的曲率 κ_s 和 κ_f 可表示为

$$\kappa_s = 2\sin\phi_s / d_s \tag{6-7}$$

$$\kappa_f = 2\sin\phi_f / d_f \tag{6-8}$$

分别对上式中两段圆弧曲率值 κ_s 和 κ_f 取倒数，同时联立式(6-5)、式(6-6)，则初始段圆弧所在圆 $\odot O_s$ 和末端圆弧所在圆 $\odot O_f$ 的半径即可确定为

$$r_s = \frac{1}{\kappa_s} = d\,\frac{\sin(\alpha_{s_1} - \phi_s)}{2\sin\theta\sin\phi_s} \tag{6-9}$$

$$r_f = \frac{1}{\kappa_f} = d\,\frac{\sin(\alpha_{f_1} - \phi_f)}{2\sin\theta\sin\phi_f} \tag{6-10}$$

其中，$\alpha_{s_1} = \psi/2 + \gamma_s$，$\alpha_{f_1} = \psi/2 + \gamma_f$。

情况 2　下初始速度方向和末端速度方向都背离切线连接点 P_t，如图 6-5 所示。与情况 1 相比，三角形 $\triangle(v_s, v_i, v_f)$ 与 $\triangle(v_s, P_t, v_f)$ 中几何关系没有变化，存在变化的是旋转角 θ_s 与 θ_f。考虑到这些角度没有影响到圆弧段参数的计算，将情况 2 与情况 1 归于一类。

情况 3　初始速度方向朝向 P_t，而末端速度方向背向 P_t，如图 6-6 所示。

与情况 1 计算方式类似，根据图 6-6 中的几何关系，角 θ 可以用以下两种方式来表达：

$$\theta = 2\pi - \phi_s - \phi_f - \psi \tag{6-11}$$

$$\theta = 2\pi - \zeta_s - \zeta_f \tag{6-12}$$

其中，$\zeta_s = \pi/2 - \phi_s$，$\zeta_f = \pi/2 - \phi_f$。联立上述两式，得到

$$\phi_f = \pi/2 - \psi/2 - \phi_s \tag{6-13}$$

由于两个弧段的方向一致，两个转动角之和应该满足

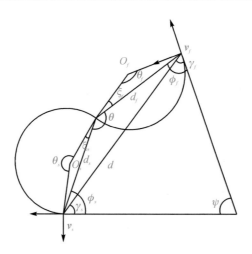

图 6 - 5　情况 2 下双圆弧路径图

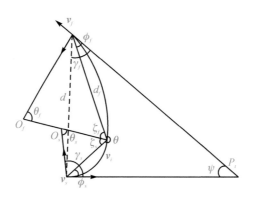

图 6 - 6　情况 3 下双圆弧路径图

$$0 < \theta_s + \theta_f \leqslant \pi \tag{6-14}$$

因此,有

$$0 \leqslant \phi_s \leqslant \gamma_s \tag{6-15}$$

$$0 \leqslant \phi_f \leqslant \gamma_f \tag{6-16}$$

联立式(6-14)和式(6-15)、式(6-16),得到 ϕ_s 的范围如下:

$$\phi_s \geqslant \max[0,\alpha_{s3}] \tag{6-17}$$

$$\phi_s \leqslant \min[\gamma_s,\pi/2-\psi/2] \tag{6-18}$$

其中 $\alpha_{s3} = \pi/2 - \psi/2 - \gamma_f$。基于要求的初始以及末端速度方向,可以选取有效的范围。考虑到当 $\alpha_{s3} = \pi/2 - \psi/2 - \gamma_f \leqslant 0$ 时,存在如下关系式:

$$\gamma_s = \pi - \psi - \gamma_f \tag{6-19}$$

$$\gamma_s \leqslant \pi - \psi - \pi/2 + \psi/2 = \pi/2 - \psi/2 \tag{6-20}$$

类似的，$\alpha_{s3} > 0$ 情况下的范围同样可以得到，结合式(6-19)、式(6-20)，ϕ_s 的最终范围可以更加准确地表示为

$$\begin{cases} 0 \leqslant \phi_s \leqslant \gamma_s, & \alpha_{s3} \leqslant 0 \\ \pi/2 - \psi/2 - \gamma_f < \phi_s < \pi/2 - \psi/2, & \text{其他} \end{cases} \tag{6-21}$$

根据三角形 $\triangle(v_s, v_i, v_f)$ 以及正弦定理，弧长 d_s 和 d_f 可以表示为

$$d_s = d\,\frac{\sin(\gamma_f - \phi_f)}{\sin(2\pi - \theta)} = d\,\frac{\sin(\phi_f - \gamma_f)}{\sin\theta} \tag{6-22}$$

$$d_f = d\,\frac{\sin(\gamma_s - \phi_s)}{\sin(2\pi - \theta)} = d\,\frac{\sin(\phi_s - \gamma_s)}{\sin\theta} \tag{6-23}$$

其他参数，如弧段曲率，可以通过情况 1 中的方式来得到。同时，为了满足物理学限制，转弯半径可以表示为关于 ϕ_s（圆 $\odot O_s$ 的半径）的表达式，即

$$r_s = d\,\frac{\sin(\phi_s - \alpha_{s3})}{2\cos\psi/2\sin\phi_s} \tag{6-24}$$

其中，$\alpha_{s3} = \pi/2 - \psi/2 - \gamma_f$。

情况 4 与情况 3 可归于一类。

2. 路径生成参数

分析式(6-9)、式(6-10)可知，无论 UAV 初始以及末端速度矢量方向如何变化，对 UAV 的路径规划的影响都可以通过解算参数 r_s 和 r_f 体现。

将四种情况下 UAV 的路径参数推导解析式汇总，如表 6-2 所列。

表 6-2　UAV 初始参数

情况	初始圆弧半径 r_s	末端圆弧半径 r_f
1	$r_s = d\,\dfrac{\sin(\pi - \psi/2 - \phi_s - \gamma_f)}{2\sin(\pi - \psi/2)\sin\phi_s}$	$r_f = d\,\dfrac{\sin(\phi_s - \gamma_s)}{2\sin(\pi - \psi/2)\sin(\pi - \psi/2 - \phi_s)}$
2	$r_s = d\,\dfrac{\sin(\gamma_f - \pi - \psi/2 + \phi_s)}{2\sin(\pi - \psi/2)\sin\phi_s}$	$r_f = d\,\dfrac{\sin(\gamma_s - \phi_s)}{2\sin(\pi - \psi/2)\sin(\pi + \psi/2 - \phi_s)}$
3	$r_s = d\,\dfrac{\sin(\pi/2 - \psi/2 - \phi_s - \gamma_f)}{2\sin(3\pi/2 - \psi/2)\sin\phi_s}$	$r_f = d\,\dfrac{\sin(\phi_s - \gamma_s)}{2\sin(3\pi/2 - \psi/2)\sin(\pi/2 - \psi/2 - \phi_s)}$
4	$r_s = d\,\dfrac{\sin(\phi_s - \pi/2 - \psi/2 - \gamma_f)}{2\sin(\pi/2 - \psi/2)\sin\phi_s}$	$r_f = d\,\dfrac{\sin(\gamma_s - \phi_s)}{2\sin(\pi/2 - \psi/2)\sin(\phi_s - \pi/2 - \psi/2)}$

为了准确分析 UAV 路径特点，建立 UAV 路径规划模型(UAV Path Planning Model)，本章根据 r_s 和 r_f 表达式特点给出以下结论：

结论 1　当双圆弧路径的初始点与末端点位姿信息确定后，可选取生成双圆弧路径的单参数——ϕ_s。

6.3.3　圆弧半径分析

（1）情况 1、2 下圆弧半径分析

定理 1（情况 1 下的初始圆弧半径）　当 $0<\psi<\pi$，$d>0$，$0\leqslant\phi_s\leqslant\pi$ 时，初始圆弧半径 r_s 随着 ϕ_s 的增大而单调减小。

证明：　首先为了保证两段圆弧切线都指向中间顶点 v_i，在式（6-4）中，ϕ_s 和 ϕ_f 必须满足条件 $\phi_s\geqslant0$，$\phi_f\geqslant0$，由此可得 ϕ_s 大致取值范围为

$$0\leqslant\phi_s\leqslant\pi-\psi/2 \tag{6-25}$$

根据情况 1，可知另一个约束条件为

$$-\pi\leqslant\theta_s-\theta_f\leqslant0 \tag{6-26}$$

式（6-26）中，角度值相减表示在该情况下，两弧段 UAV 转弯机动方向相反。在图 6-7 中，虚线部分表示 $\theta_s-\theta_f<0$，而实线部分表示在情况 1 下的极限情况，即 $\theta_s-\theta_f=0$，$\phi_s=\gamma_s$，$\phi_f=\gamma_f$。

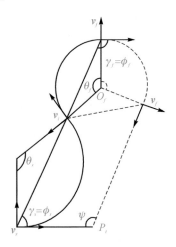

图 6-7　情况 1 下极限状况

进而得到新的约束条件

$$\phi_s\geqslant\gamma_s \tag{6-27}$$

$$\phi_f\geqslant\gamma_f \tag{6-28}$$

其中，γ_s 和 γ_f 表示速度矢量与 v_iv_f 之间的夹角。由此，ϕ_s 的取值范围可以进一步精确为

$$\gamma_s\leqslant\phi_s\leqslant\pi-\psi/2-\gamma_f \tag{6-29}$$

根据式（6-29）中 ϕ_s 的取值范围，初始圆弧半径 r_s 的取值上下界为

$$r_{s_{\sup}} = d\ \frac{\sin(\pi - \psi/2 - \phi_{s_{\sup}} - \gamma_f)}{2\sin\theta\sin\phi_{s_{\sup}}} = 0 \qquad (6-30)$$

$$r_{s_{\inf}} = d\ \frac{\sin(\pi - \psi/2 - \phi_{s_{\inf}} - \gamma_f)}{2\sin\theta\sin\phi_{s_{\inf}}} = d\ \frac{\sin(\psi/2)}{\sin\theta\sin\gamma_s} = d\ \frac{1}{2\sin\gamma_s} \quad (6-31)$$

其中，$\phi_{s_{\sup}} = \pi - \psi/2 - \gamma_f$，$\phi_{s_{\inf}} = \gamma_s$，且有 $\sin\theta = \sin(2\pi - \phi_s - \phi_f - \psi) = \sin(\psi/2)$。

式(6-5)对 ϕ_s 求偏导数，得到

$$\frac{\partial r_s}{\partial \phi_s} = \frac{d}{2\sin\theta} \cdot \delta_1 \qquad (6-32)$$

其中，$\delta_1 = \dfrac{-\cos(\alpha_{s1} - \phi_s)\sin\phi_s - \cos\phi_s\sin(\alpha_{s1} - \phi_s)}{\sin^2\phi_s}$。

根据三角学原理，当 $0 < \psi < \pi$，$d > 0$，$0 \leqslant \phi_s < \pi$ 时，式(6-32)恒为负。故 γ_s 的值随 ϕ_s 的增大而单调减小，定理证毕。

定理 2(情况 1 下的末端圆弧半径)　当 $0 < \psi < \pi$，$d > 0$，$0 \leqslant \phi_s < \pi$，$0 \leqslant \phi_f < \pi$ 时，末端圆弧半径 r_f 随着 ϕ_f 的增大而单调减小，随着 ϕ_s 的增大而单调增加。

与情况 1 证明步骤相似，当 ϕ_f 从最小值增加到最大值的过程中，r_f 单调减小。然而，考虑到 $\phi_f = \pi - \psi/2 - \phi_s$，显然 ϕ_s 随着 ϕ_f 的减小而增大，从而导致 r_f 随 ϕ_s 的增大而增大，定理证毕。

为了保证末端弧段可解，需要对下面的条件进行加强以满足圆弧半径的限制

$$r_f = d\ \frac{\sin(\phi_s - \gamma_s)}{2\sin\theta\sin\phi_f} \geqslant r_m \qquad (6-33)$$

得到 ϕ_f 可行的上界

$$\phi_f \leqslant \arctan\left(\frac{1}{\beta_{f1} - \cot(\psi/2 + \gamma_s)}\right) \qquad (6-34)$$

其中，$\beta_{f1} = \dfrac{2r_m\sin(\psi/2)}{d\sin(\psi/2 + \gamma_s)}$。

ϕ_f 可行的下界为

$$\phi_f \geqslant -\arctan\left(\frac{1}{\beta_{f1} - \cot(\psi/2 + \gamma_f)}\right) - \psi/2 + \pi \qquad (6-35)$$

根据式(6-34)、式(6-35)中 ϕ_f 的上下界，以及式(6-4)，可得到 ϕ_s 可行的取值范围，再通过选择适合的 ϕ_s 值，就能够得到 UAV 的可飞行路径。

情况 2　下初始和末端圆弧半径单调性以及 ϕ_s 的上下界根据情况 1 类似推导可得。

(2) 情况 3、4 下圆弧半径分析

图 6-7 中，由于两段弧的转动方向一致，显然转动角之和应满足

$$0 < \theta_s + \theta_f \leqslant \pi \tag{6-36}$$

因此,有 $0 \leqslant \phi_s \leqslant \gamma_s$,$0 \leqslant \phi_f \leqslant \gamma_f$,而在情况 3 下 $\phi_f = \pi/2 - \psi/2 - \phi_s$,故可得 ϕ_s 大致范围 $\max [0, \alpha_{s3}] \leqslant \phi_s \leqslant \min [\gamma_s, \pi/2 - \psi/2]$。

其中 $\alpha_{s3} = \pi/2 - \psi/2 - \gamma_f$。当 $\alpha_{s3} \leqslant 0$ 时存在如下关系

$$\begin{aligned} \gamma_s &= \pi - \psi - \gamma_f \\ \gamma_s &\leqslant \pi - \psi - \pi/2 + \psi/2 = \pi/2 - \psi/2 \end{aligned} \tag{6-37}$$

类似的,$\alpha_{s3} > 0$ 的情况下 γ_s 的范围同样可以得到,结合式(6-37),ϕ_s 的范围可以更加准确地表示为

$$\begin{cases} 0 \leqslant \phi_s \leqslant \gamma_s, & \text{当 } \alpha_{s3} \leqslant 0 \text{ 时} \\ \pi/2 - \psi/2 - \gamma_f < \phi_s < \pi/2 - \psi/2, & \text{其他} \end{cases} \tag{6-38}$$

定理 3(情况 3 下初始圆弧半径) 当 $0 < \psi < \pi$,$d > 0$,$0 \leqslant \phi_s < \pi$ 时,初始圆弧半径 r_s 在 $\alpha_{s3} < 0$ 的情况下随着 ϕ_s 的增大而单调减小,在 $\alpha_{s3} > 0$ 时随着 ϕ_s 的增大单调增大。

证明: 式(6-24)对 ϕ_s 求偏导数,得

$$\frac{\partial r_s}{\partial \phi_s} = \frac{d}{2\cos \theta} \cdot \delta_2 \tag{6-39}$$

其中

$$\begin{aligned} \delta_2 &= \frac{\cos(\phi_s - \alpha_{s3}) \sin \phi_s - \cos \phi_s \sin(\phi_s - \alpha_{s3})}{\sin^2 \phi_s} \\ &= \frac{\sin \phi_s \sin(\phi_s - \alpha_{s3})(\cot(\phi_s - \alpha_{s3}) - \cot \phi_s)}{\sin^2 \phi_s} \end{aligned} \tag{6-40}$$

当 $\alpha_{s3} < 0$,根据式(6-37)有 $\phi_s \in (0, \phi_s)$,于是

$$(\phi_s - \alpha_{s3})_{\text{inf}} = -\alpha_{s3} > 0 \tag{6-41}$$

$$(\phi_s - \alpha_{s3})_{\text{sup}} = \gamma_s - \pi/2 + \psi/2 + \gamma_f < \pi/2 \tag{6-42}$$

当 $\alpha_{s3} > 0$ 时,根据式(6-38)有

$$\phi_s \in (\pi/2 - \psi/2 - \gamma_f, \pi/2 - \psi/2)$$

故 $\phi_s - \alpha_{s3}$ 的范围如下:

$$(\phi_s - \alpha_{s3})_{\text{inf}} = 0 \tag{6-43}$$

$$(\phi_s - \alpha_{s3})_{\text{sup}} = \gamma_f \tag{6-44}$$

也就是说,$(\phi_s - \alpha_{s3}) \in (0, \pi)$。对于 $d > 0$,$\psi < \pi$,式(6-39)的正负号由 δ_2 决定。

考虑式(6-40)中 δ_2,当 $\alpha_{s3} < 0$ 时,根据 $\phi_s \in (0, \pi)$,$(\phi_s - \alpha_{s3}) \in (0, \pi/2)$,并且 cot 函数在此范围中单调减小,由于 $\phi_s < \phi_s - \alpha_{s3}$,故式(6-39)的符号为负。类似的,对于 $\alpha_{s3} > 0$,由于 $\phi_s > \phi_s - \alpha_{s3}$,式(6-39)的符号为正,即有

$$\frac{\partial r_s}{\partial \phi_s} < 0, \quad \alpha_{s3} < 0 \tag{6-45}$$

$$\frac{\partial r_s}{\partial \phi_s} > 0, \quad \alpha_{s3} > 0 \tag{6-46}$$

定理证毕。

对于末端弧段,可以采用相同的步骤。结合 $\alpha_{s3} = -\pi/2 + \psi/2 + \gamma_s$ 和式(6-24),可以得到

$$\frac{\partial r_f}{\partial \phi_s} < 0, \quad \alpha_{s3} < 0 \tag{6-47}$$

$$\frac{\partial r_f}{\partial \phi_s} > 0, \quad \alpha_{s3} > 0 \tag{6-48}$$

定理 4（情况 3 下末端圆弧半径） 当 $0 < \psi < \pi, d > 0, 0 \leqslant \phi_s < \pi$ 时,末端圆弧半径 r_f 在 $\alpha_{s3} < 0$ 的情况下随着 ϕ_s 的增大而单调减小,在 $\alpha_{s3} > 0$ 时随着 ϕ_s 的增大单调增大。

情况 4 下初始和末端圆弧半径单调性以及 ϕ_s 的上下界类似可推。

6.3.4　参数 ϕ_s 取值范围分析

分析完初始圆弧半径单调性后,为满足最小转弯半径 $r_{\min}$,角 ϕ_s 的另一个限制条件可通过解算 $r_s \geqslant r_m, r_f \geqslant r_m$ 得到。

(1) 情况 1 下 ϕ_s 取值范围

由最小转弯半径限制要求有

$$r_s = d\,\frac{\sin(\phi_f - \gamma_f)}{2\sin\theta\sin\phi_s} \geqslant r_m \tag{6-49}$$

$$r_f = d\,\frac{\sin(\phi_s - \gamma_s)}{2\sin\theta\sin\phi_f} \geqslant r_m \tag{6-50}$$

则 ϕ_s 可行的上下界为

$$\phi_s \leqslant \arctan\left(\frac{1}{\beta_{s1} - \cot(\psi/2 + \gamma_f)}\right) \tag{6-51}$$

$$\phi_s \geqslant -\arctan\left(\frac{1}{\beta_{f1} - \cot(\psi/2 + \gamma_s)}\right) - \psi/2 + \pi \tag{6-52}$$

其中, $\beta_{s1} = \dfrac{2r_m\sin(\psi/2)}{d\sin(\psi/2 + \gamma_f)}, \beta_{f1} = \dfrac{2r_m\sin(\psi/2)}{d\sin(\psi/2 + \gamma_s)}$。

情况 2 下 ϕ_s 边界类似可得。

(2) 情况 3 下 ϕ_s 取值范围

在情况 3 下,同样对初始、末端圆弧半径进行限制,但需要对 α_{s3} 进行分类。注

意到对于 $\alpha_{s3} \leqslant 0$，根据式（6-45）、式（6-47），r_s 和 r_f 都随着 ϕ_s 的增大而减小，只有 ϕ_s 的上界可以根据转弯半径的限制得到；对于 $\alpha_{s3} > 0$，只有 ϕ_s 的下界可以计算得到。下面给出两种情形下的边界条件：

当 $\alpha_{s3} \leqslant 0$ 时，ϕ_s 的上界为下面两式交集：

$$\phi_s \leqslant \arctan\left(\frac{1}{\beta_{s3} + \cot \alpha_{s3}}\right) \qquad (6-53)$$

$$\phi_s \leqslant \pi/2 - \psi/2 - \arctan\left(\frac{1}{\beta_{f3} + \cot \alpha_{f3}}\right) \qquad (6-54)$$

当 $\alpha_{s3} > 0$ 时，ϕ_s 的下界为下面两式交集：

$$\phi_s > \arctan\left(\frac{1}{\beta_{s3} + \cot \alpha_{s3}}\right) \qquad (6-55)$$

$$\phi_s > \pi/2 - \psi/2 - \arctan\left(\frac{1}{\beta_{f3} + \cot \alpha_{f3}}\right) \qquad (6-56)$$

其中，$\beta_{s3} = -\dfrac{2r_m \cos(\psi/2)}{d \sin \alpha_{s3}}$，$\beta_{f3} = -\dfrac{2r_m \cos(\psi/2)}{d \cos(\pi/2 + \gamma_s)}$。

情况 4 下 ϕ_s 边界类似可得。

将 ϕ_s 所求得的大致取值范围记为 M_1，本节中得到的边界范围记为 M_2，则 UAV 生成可飞行双圆弧路径的具体取值范围为 $M = M_1 \bigcap M_2$。由于双圆弧模型中各参数值都具有连续性，可得以下结论：

结论 2　当 UAV 初始、末端角度以及最小转弯半径确定之后，参数 ϕ_s 值的范围即可确定，UAV 可飞行双圆弧路径长度范围也随之确定。

将 ϕ_s 作为输入参数进行路径规划，在满足路径约束条件下，能够快速选取适合的路径轨迹，大大减少了参数信息量和模型复杂程度。表 6-3 为四种情况下参数 ϕ_s 的取值范围汇总。

表 6-3　UAV 初始参数

情况	单参数 ϕ_s 取值范围
1	$\gamma_s \leqslant \phi_s \leqslant \pi - \psi/2 - \gamma_f$ $-\arctan\left(\dfrac{1}{\beta_{f1} - \cot(\psi/2 + \gamma_s)}\right) - \psi/2 + \pi \leqslant \phi_s \leqslant \arctan\left(\dfrac{1}{\beta_{s1} - \cot(\psi/2 + \gamma_f)}\right)$ $\beta_{s1} = \dfrac{2r_m \sin(\psi/2)}{d \sin(\psi/2 + \gamma_f)}, \beta_{f1} = \dfrac{2r_m \sin(\psi/2)}{d \sin(\psi/2 + \gamma_s)}$

表 6 - 3　UAV 初始参数

情况	单参数 ϕ_s 取值范围
2	$$\begin{cases} \gamma_s \leqslant \phi_s \leqslant \pi + \psi/2 - \gamma_f \\ -\arctan\left(\dfrac{1}{\beta_{f2} - \cot(\psi/2 - \gamma_s)}\right) - \psi/2 + \pi \leqslant \phi_s \leqslant \arctan\left(\dfrac{1}{\beta_{s2} - \cot(\psi/2 - \gamma_f)}\right) \end{cases}$$ $$\beta_{s2} = \frac{2r_m \sin(\psi/2)}{d \sin(\psi/2 - \gamma_f)}, \beta_{f2} = \frac{2r_m \sin(\psi/2)}{d \sin(\psi/2 - \gamma_s)}$$
3	$$\begin{cases} 0 \leqslant \phi_s \leqslant \gamma_s, & \alpha_{s_3} \leqslant 0 \\ \pi/2 - \psi/2 - \gamma_f < \phi_s < \pi/2 - \psi/2, & \text{其他} \end{cases}$$ $$\alpha_{s_3} = \pi/2 - \psi/2 - \gamma_f \leqslant 0$$ $$\begin{cases} \phi_s \leqslant \arctan\left(\dfrac{1}{\beta_{s_3} + \cot\alpha_{s_3}}\right), & \alpha_{s_3} \leqslant 0 \\ \phi_s > \arctan\left(\dfrac{1}{\beta_{s_3} + \cot\alpha_{s_3}}\right), & \text{其他} \end{cases}, \beta_{s_3} = -\frac{2r_m \cos(\psi/2)}{d \sin\alpha_{s_3}}$$ $$\begin{cases} \phi_s \leqslant \pi/2 - \psi/2 - \arctan\left(\dfrac{1}{\beta_{f_3} + \cot\alpha_{f_3}}\right), & \alpha_{s_3} \leqslant 0 \\ \phi_s > \pi/2 - \psi/2 - \arctan\left(\dfrac{1}{\beta_{f_3} + \cot\alpha_{f_3}}\right), & \text{其他} \end{cases}$$ $$\beta_{f_3} = -\frac{2r_m \cos(\psi/2)}{d \cos(\pi/2 + \gamma_s)}$$
4	$$\begin{cases} \gamma_s \leqslant \phi_s \leqslant \pi, & \alpha_{s_4} \leqslant 0 \\ \pi/2 - \psi/2 < \phi_s < \dfrac{3}{2}\pi - \psi/2 - \gamma_f, & \text{其他} \end{cases}, \alpha_{s_4} = \gamma_s - \pi/2 + \psi/2$$ $$\begin{cases} \phi_s \leqslant \arctan\left[\dfrac{1}{\beta_{s_4} + \tan(\psi/2 + \gamma_f)}\right], & \alpha_{s_4} \leqslant 0 \\ \phi_s > \arctan\left[\dfrac{1}{\beta_{s_4} + \tan(\psi/2 + \gamma_f)}\right], & \text{其他} \end{cases}$$ $$\beta_{s_4} = -\frac{2r_m \cos(\psi/2)}{d \cos(\psi/2 + \gamma_f)}$$ $$\begin{cases} \phi_s \leqslant \dfrac{3}{2}\pi - \psi/2 - \arctan\left[\dfrac{1}{\beta_{f_4} + \tan(\psi/2 + \gamma_s)}\right], & \alpha_{s_4} \leqslant 0 \\ \phi_s > \dfrac{3}{2}\pi - \psi/2 - \arctan\left[\dfrac{1}{\beta_{f_4} + \tan(\psi/2 + \gamma_s)}\right], & \text{其他} \end{cases}$$ $$\beta_{f_4} = -\frac{2r_m \cos(\psi/2)}{d \cos(\psi/2 + \gamma_s)}$$

6.4　多 UAV 协同路径规划

6.4.1　协同路径规划方案

本章在上一节中研究了不同情况下的双圆弧路径参数。根据求解的双圆弧参数 ϕ_s 的取值范围，可以确定双圆弧对应的路径长度范围为 $[l_{\min}, l_{\max}]$。为直观表示该范围，将双圆弧路径长度范围 $[l_{\min}, l_{\max}]$ 表示在一维坐标轴上，如图 6-8 所示。

图 6-8　单 UAV 双圆弧路径长度坐标表示

在实际的任务环境中，往往需要多个 UAV 对目标同时进行路径规划，下面就 2 个 UAV 的情况进行分析，为达到较高的毁伤效果，要求 2 架 UAV 同时到达目标点处执行任务，即 2 架 UAV 飞行路径长度一致，3 个及以上的情况可类似分析。为降低问题复杂性，简化分析难度，重点分析多 UAV 同时到达问题，本节做出如下假设：

假设：各 UAV 飞行速度恒定一致。

根据第 i 个 UAV 的双圆弧参数，可以确定对应的双圆弧路径长度的取值范围为 $l_i \in [l_{\min_i}, l_{\max_i}]$，$i=1,2$，2 架 UAV 双圆弧路径长度范围一维坐标表示如图 6-9 所示。

图 6-9　两架 UAV 双圆弧路径长度坐标表示

从图 6-9 中可直观地看出可行的共同路径长度取值范围为 $l_{\text{uav}} \in [l_{\min_2}, l_{\max_1}]$，根据上述假设，多 UAV 可行的共同到达目标处的时间范围为 $t_{\text{uav}} \in [t_{\min}, t_{\max}]$。在 t_{uav} 中选择适当的值，作为指令发送至各 UAV，UAV 根据初始、末端速度方向确定飞行路径情况类别，再根据 t_{uav} 确定参数 ϕ_s 的值，完成路径规划。

6.4.2　多 UAV 同时到达目标时间存在性证明

对于第 i 个 UAV 双圆弧路径长度取值范围 $l_i = [l_{\min_i}, l_{\max_i}]$，$i=1,2$，其可控的路径用时为 $\Delta t_i \in [t_{\min}, t_{\max}]$，记为 G_i。

设可控的多 UAV 同时到达目标的时间范围为 G_{sa}，则

$$G_{sa} = G_1 \bigcap G_2 \cdots \bigcap G_i, \quad i=1,2,\cdots,n \tag{6-57}$$

若 $G_{sa} \neq \varnothing$，则表示存在共同到达时间，即证明了多 UAV 协同时间存在合理性。

6.5　仿真验证

为验证本章中双圆弧法对于多 UAV 协同路径规划的有效性及合理性,在 MATLAB 环境中开展以下几项仿真。

6.5.1　双圆弧路径规划仿真

(1) 四种情况下双圆弧路径规划

设置仿真条件为:初始位姿信息$(x,y,\phi_s)=(0,0,0)$,末端位姿信息$(300,500,\phi_f=(-\pi/4,\pi/4,3\pi/4,5\pi/4))$(单位为 m,本节余同)。将$\phi_s$作为唯一的控制参数,根据$\phi_s$的值解算出规划双圆弧路径所需的其他参数值。图 6-10～图 6-13 为四种情况下双圆弧路径的仿真图。

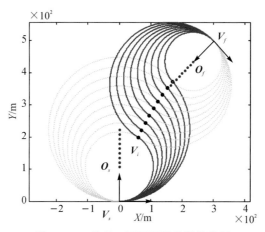

图 6-10　情况 1 下双圆弧路径仿真图

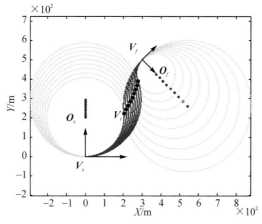

图 6-11　情况 2 下双圆弧路径仿真图

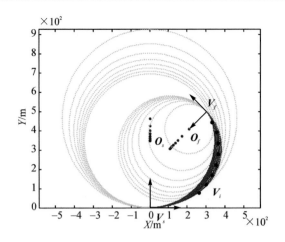

图 6 - 12　情况 3 下双圆弧路径仿真图

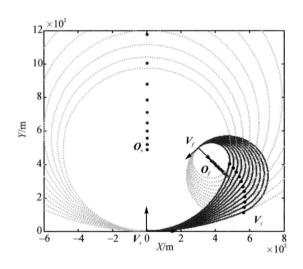

图 6 - 13　情况 4 下双圆弧路径仿真图

图 6 - 10 和图 6 - 11 中,对于情况 1 和情况 2,当 ϕ_s 增大时,初始圆弧半径减小,末端圆弧半径增大。图 6 - 12 和图 6 - 13 中,对于第 3 种和第 4 种情况,$\alpha_{s3} = -0.147\,7 < 0$,当 ϕ_s 增大的时候,初始和末端圆弧半径都将减小。数值仿真验证了路径参数单调性结论的正确性。

（2）双圆弧法下路径长度值与控制参数 ϕ_s 关系仿真

以第 1 种情况为例,仿真条件与本节（1）中规划条件一致,限制 UAV 最小转弯半径 $r_m = 100$ m。由 6.3 节中 ϕ_s 的可行上下界解析式,可得 ϕ_s 取值范围为 $[1.150\,5, 1.29]$,图 6 - 14 为 ϕ_s 在该取值范围下的路径规划结果,其中,ϕ_s 每次仿真取值步长变化为 0.008。与 ϕ_s 的值对应的路径长度值变化仿真结果如图 6 - 15 所示。

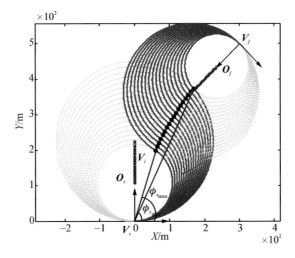

图 6-14　情况 1 下双圆弧路径随 ϕ_s 值变化仿真图

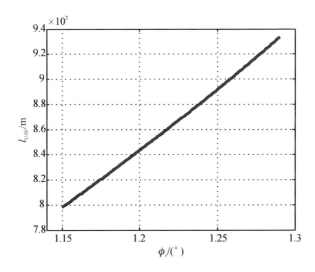

图 6-15　情况 1 下路径长度随 ϕ_s 值变化仿真图

从图 6-15 中双圆弧路径长度随着参数 ϕ_s 的变化关系可以看出,两者呈现"类线性"的关系,在 $\phi_s = 1.1505$ 时,双圆弧路径长度取得最小值 $l_{\min} = 798.81$ m。

6.5.2　路径规划方法对比仿真

为突出双圆弧法在时间、角度约束下规划路径的优势,本章将其与 Dubins 路径规划[82-85]进行仿真对比。仿真初始条件设置与 6.5.1 节中(1)规划条件一致,最小圆弧半径 $r_m = 100$ m。

为完成路径规划,采用双圆弧路径规划方法和 Dubins 路径规划方法所需要输入的参数及其数量如表 6 - 4 所列。

表 6 - 4　路径规划参数及其数量

规划方法	输入参数数量	参数
双圆弧法	1	ϕ_s
Dubins 路径法	2	r_s、r_f

Dubins 路径规划法仿真结果如图 6 - 16～图 6 - 18 所示。

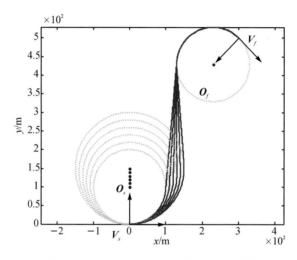

图 6 - 16　Dubins 路径随 r_s 值变化仿真图

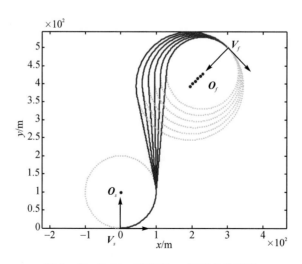

图 6 - 17　Dubins 路径随 r_f 值变化仿真图

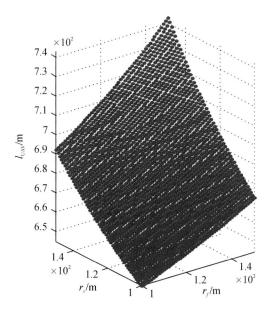

图 6 - 18　Dubins 路径法下路径长度随 r_s、r_f 变化仿真图

　　图 6 - 16、图 6 - 17 分别为 r_s 和 r_f 的值在 [100,150] 内变化时的 Dubins 路径仿真示意图;图 6 - 18 为当 r_s 和 r_f 的值均在 [100,150] 内变化时 Dubins 路径长度仿真图,当 $r_s = 100$ m, $r_f = 100$ m 时,路径长度取得最小值 $l_{\min} = 644.73$ m。

　　由表 6 - 4 可知,在以 Dubins 法进行路径规划时,输入参数数量为 2,相比双圆弧路径规划单一参数确定路径,增加了计算维度。由路径长度仿真图 6 - 18 与图 6 - 15 对比可知,Dubins 方法下路径长度控制难度相对较大,需要协调 r_s 和 r_f 两个参数,而双圆弧路径在路径规划以及路径长度控制上具有简洁高效的特点,只需要确定单参数 ϕ_s 值即可完成路径规划和路径长度控制。但是 Dubins 在路径长度上取值相对于双圆弧路径较小,本章所提出的双圆弧路径规划方法在略微牺牲路径长度的代价下,降低了规划所需参数数量以及路径规划难度。

6.5.3　多 UAV 协同逼近目标路径规划仿真

　　假设 4 架 UAV 协同逼近目标,目标位于坐标原点 (0,0) 处,要求 4 架 UAV 在指定的时间到达目标处,航迹方位角度分别为 115°、315°、155°、325°,设置 UAV 飞行速度大小为 $v_{\text{UAV}} = 40$ m/s,UAV 最小转弯半径 $r_{\min} = 100$ m,仿真参数如表 6 - 5 所列。

表 6-5　UAV 初始参数

UAV	初始位置/m	初始速度倾角/(°)
UAV_1	$(-572, -111)$	70
UAV_2	$(-400, 600)$	0
UAV_3	$(387, 545)$	290
UAV_4	$(298, -252)$	190

依据双圆弧法参数的计算方法,对应的 4 架 UAV 的双圆弧参数取值范围为 $\phi_{s1} \in [1.162, 1.296]$,$\phi_{s2} \in [0.655, 0.929]$,$\phi_{s3} \in [0, 0.887]$,$\phi_{s4} \in [0, 0.383]$。对应的 UAV 路径长度范围为 $l_1 \in [809, 940.2]$,$l_2 \in [745, 831.4]$,$l_3 \in [796.4, 909.8]$,$l_4 \in [749.3, 1\,054]$。将各 UAV 路径取值范围表示在一维坐标上,如图 6-19 所示,由 UAV 双圆弧参数可以确定可行的 UAV 规划路径长度值范围为 $l_1 \cap l_2 \cap l_3 \cap l_4 = [809, 831.4]$。

图 6-19　UAV 路径长度随 ϕ_s 值变化仿真图

有了 UAV 路径长度范围,结合 UAV 飞行速度值,则多 UAV 同时到达目标位置的可调时间范围为 $t_r \in [20.225, 20.785]$。在没有时间收敛要求的情况下,任务完成时间应尽可能的短,因此选取 UAV 飞行距离为 809 m,任务完成时间为 $t = 20.225$ s,对应的 4 架 UAV 双圆弧路径规划参数 ϕ_s 的值分别为 $\phi_{s1} = 1.162$、$\phi_{s2} = 0.858\,8$、$\phi_{s3} = 0.783\,0$、$\phi_{s4} = 0.297\,0$。UAV 同时到达目标的仿真结果如图 6-20 所示。仿真验

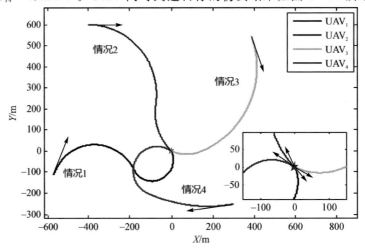

图 6-20　多 UAV 执行任务路径规划

证了双圆弧路径规划方法的有效性和实用性。

6.5.4　复杂障碍环境下双圆弧路径规划仿真

由于 UAV 逼近目标过程中可能遇到多个障碍,故需要验证双圆弧路径规划方法在多障碍环境下的规划效果,本章设置 UAV 执行任务的复杂环境条件如下:

设在 $x \in [0\ m, 400\ m]$,$y \in [0\ m, 400\ m]$ 的区域内,存在多个障碍物,障碍物位置以及威胁半径如表 6 - 6 所列。

表 6 - 6　障碍物位置以及威胁半径

障碍编号	障碍位置/m	威胁半径/m
1	(0,50)	40
2	(360,100)	20
3	(120,90)	45
4	(250,45)	60
5	(260,200)	50
6	(360,240)	30
7	(370,160)	28
8	(60,240)	70

将上述多障碍环境在三维界面中表示,如图 6 - 21 所示。

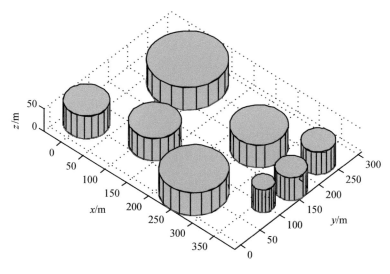

图 6 - 21　障碍环境

假设 UAV 起始点位于原点(0,0,25)处,沿 x 轴正方向飞行,飞行速度为 50 m/s,最小转弯半径为 100 m,目标位置为(348,277,25)处,任务限时 17 s 内完成,UAV 在目标处要求飞行航迹方位角为 200°。

根据障碍环境,单一的双圆弧路径无法满足要求,因此为 UAV 规划了 3 个中间航路点以及航路点处的飞行航迹方位角,具体参数值如表 6-7 所列。

表 6-7　航路点参数

航路点编号	位置/m	航迹方位角/(°)
起始点	(0,0)	0
1	(150,100)	20
2	(234,145)	-50
3	(368,126)	-5
目标点	(348,277)	200

根据表 6-7,UAV 共要进行 4 段航路规划,根据双圆弧路径规划初始、末端速度方向分类定义,可知 4 段航路规划分别对应情况 2、3、4、1。根据双圆弧参数计算方法,同时考虑 UAV 受到的最小转弯半径限制,分别计算得到各个航路段双圆弧路径生成参数 ϕ_s 值的范围如表 6-8 所列。

表 6-8　参数 ϕ_s 取值范围

航路段	ϕ_s 取值范围
1	[0.882 7,0.917 6]
2	(0,0.38]
3	[0.15,0.403 5]
4	[1.45,1.482]

根据表 6-8 中各 UAV 双圆弧路径生成参数 ϕ_s 的取值范围,UAV 在各个航路段的用时可控制范围如表 6-9 所列。

表 6-9　各航路段可控飞行用时范围

航路段	路径长度可控时间范围/s
1	[4.023 54,4.103 66]
2	[2.759 56,2.926 84]
3	[4.456 35,5.865 36]
4	[5.036 45,5.155 86]

根据表 6-9,UAV 完成任务总的时间可控范围为 [16.275 9,18.051 72],因

此,任务要求的 17 s 时间限制可以达到。

设置 UAV 在各个航路段用时分别为 $t_1 = 4.05$ s,$t_2 = 2.8$ s,$t_3 = 5.1$ s,$t_4 = 5.1$ s。对应的各个航路段 UAV 双圆弧路径生成参数 ϕ_{si} 的值分别为 $\phi_{s1} = 0.916\ 1$,$\phi_{s2} = 0.287$,$\phi_{s3} = 0.299$,$\phi_{s4} = 1.467\ 4$。

根据上述参数,对 UAV 在多障碍复杂环境下的双圆弧路径规划进行仿真验证,得到三维仿真结果如图 6-22 所示。

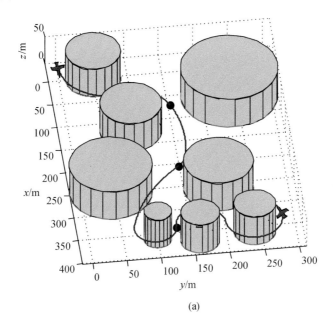

(a)

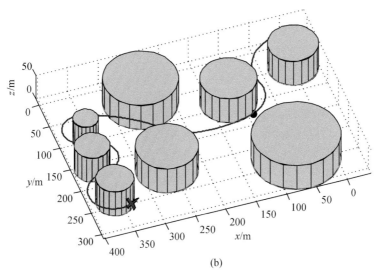

(b)

图 6-22 多障碍环境下 UAV 路径规划三维仿真

　　由仿真结果可知,双圆弧法能够较好地完成 UAV 在多障碍复杂环境中的路径规划,且满足要求的时间和航迹方位角限制,同时用时具有一定可控性。

6.6　本章小结

　　本章以多 UAV 协同逼近目标跟踪域路径规划为研究出发点,针对 UAV 在时间、角度约束以及多障碍威胁下的路径规划问题展开研究,提出了双圆弧路径规划方法。根据 UAV 不同的始末速度方向,将双圆弧路径具体分成四类,分别确定了路径参数解析解。在路径参数解算过程中,仅以一个参数控制路径的生成,减少了数据传输量,避免了多实时参数数据传输带来的误差和延时等问题。最后,分别对多 UAV 协同逼近目标和 UAV 在多障碍环境下路径规划进行了仿真,仿真结果验证了双圆弧路径方法的有效性和实用性。

第7章　UAV 跟踪目标起始点处航迹方位角平滑过渡算法

7.1　引　言

在 UAV 对目标进行 Standoff 跟踪的起始点处,优选的跟踪航迹方位角是根据导引矢量场得到的。如图 7-1 所示,UAV 沿规划路径到达跟踪域后,UAV 对目标实施跟踪时的飞行航迹方位角并不是理想的,而是与期望航迹方位角之间存在一定的误差,因此 UAV 需要进行飞行航迹方位角的调整,完成在跟踪起始点处航迹方位角的过渡。

针对 UAV 跟踪目标起始点处航迹方位角的修正问题,部分学者将研究重点放在目标运动状态观测上[72,73],由控制中心根据数据融合结果向 UAV 发送航迹方位角修正指令,此类方法对目标状态融合估计提出了技术要求,且无法满足特定场景下目标跟踪任务的战术需求。

图 7-1　UAV 跟踪初始段
航迹方位角

对此,文献[71]和文献[72]面向 Standoff 跟踪,利用加入航迹方位角修正项的 Lyapunov 矢量场(LVF)导引 UAV 跟踪目标,完成航迹方位角控制。但是,修正项的添加增加了算法复杂度。在现有的基于 Standoff 跟踪的航迹方位角修正研究成果中,大多基于矢量场函数的修正,基于误差修正文献较少,而直接对航迹方位角误差修正的算法复杂度和响应速度明显优于其他方法。

因此,本章提出了一种基于误差反馈的航迹方位角误差修正方法。该方法基于 Standoff 跟踪模式,利用 Lyapunov 矢量场为 UAV 提供期望的速度矢量,然后根据实际存在的航迹方位角误差,通过误差反馈方法对航迹方位角误差进行指数形式的收敛修正,同时论证了收敛过程的稳定性。该方法实现了 UAV 到达目标跟踪域后飞行航迹方位角朝着期望航迹方位角的过渡。

7.2　面向 Standoff 跟踪的 UAV 航迹方位角修正模型建立

7.2.1　UAV 跟踪模型建立

由于 UAV 在飞行过程中的航迹方位角仅在二维平面内变化,飞行高度较高且 UAV 自身有一定保持飞行高度的能力,故本章忽略 UAV 在 z 轴上的机动效果,在二维空间 $C_{2d} = (x,y) \in \mathbf{R}^2$ 中研究问题。在 C_{2d} 环境中,如图 7-2 所示,UAV 由初始位置出发,沿着制导轨迹到达目标周围,并以目标点 O 为中心,r_d 为跟踪半径对目标实施 Standoff 跟踪。

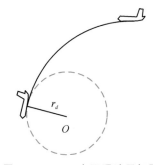

图 7-2　UAV 定距跟踪目标图

在连续时间下,UAV 的点质量运动学模型可表示为

$$\begin{cases} \dot{x} = u_1 \cos\varphi \\ \dot{y} = u_1 \sin\varphi \\ \dot{\varphi} = u_2 \end{cases} \tag{7-1}$$

其中,φ 为 UAV 飞行航迹方位角,u_1 为指令空速,u_2 为指令航迹方位角。假设 UAV 在飞行过程中,其飞行速度值保持不变,即 $|u_1| = u_0$,故可通过改变 UAV 飞行速度方向来改变 UAV 的飞行轨迹。为满足 UAV 自身的性能约束,u_1 和 u_2 需要满足条件:

$$|u_1| = v_{\max} = u_0$$
$$|u_2| \leqslant \frac{u_0}{r_d} \tag{7-2}$$

7.2.2　二维 LVF 导引模型

本章研究的 UAV 在跟踪目标过程中,UAV 期望飞行航迹方位角由 Lyapunov 矢量场(LVF)产生。本章中,在二维平面考虑的 Lyapunov 函数如下:

$$V(r) = \frac{1}{2}(r^2 - r_d^2)^2 \tag{7-3}$$

其中,$r = \sqrt{x^2 + y^2}$ 表示 UAV 与目标之间的相对距离,r_d 是期望的跟踪半径。为了实现 Standoff 圆形轨道跟踪,选择惯性速度表达式如下:

$$f(x,y)=\begin{bmatrix}\dot{x}\\\dot{y}\end{bmatrix}=-\frac{u_0}{r(r^2+r_d^2)}\begin{bmatrix}x(r^2-r_d^2)-y(2rr_d)\\y(r^2-r_d^2)+x(2rr_d)\end{bmatrix} \quad (7-4)$$

为研究 UAV 在该 Lyapunov 矢量场下的飞行轨迹特性,对式(7-3)求导,可得

$$\dot{V}=\frac{\mathrm{d}V}{\mathrm{d}t}=-\frac{2u_0r(r^2-r_d^2)^2}{r^2+r_d^2}\leqslant0 \quad (7-5)$$

根据拉萨尔不变性原理可知:UAV 飞行轨迹渐近地收敛并稳定到期望跟踪圆上[87]。

φ_d 表示 UAV 沿矢量场飞行的期望航迹方位角,可由式(7-4)确定如下:

$$\varphi_d=\arctan\left(\frac{\dot{y}}{\dot{x}}\right)=\arctan\left(\frac{y(r^2-r_d^2)+x(2rr_d)}{x(r^2-r_d^2)-y(2rr_d)}\right) \quad (7-6)$$

对上式进行微分,可以得到 UAV 沿 Lyapunov 矢量场的期望航迹方位角速度为

$$\dot{\varphi}_d=\frac{4u_0r_d^3}{(r^2+r_d^2)^2} \quad (7-7)$$

为了满足 UAV 的航迹方位角速度限制,令根据 Lyapunov 矢量场得到的 UAV 期望航迹方位角速度值$|\dot{\varphi}_d|<u_2$。图 7-3 表示的是从初始点$(4,6)$出发的 UAV,由 LVF 导引,跟踪位于由原点$(0,0)$出发向 x 轴正方向移动的目标。

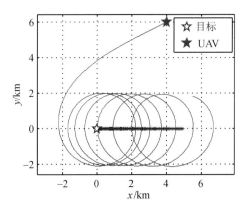

图 7-3　LVF 导引 UAV 跟踪目标

由图 7-3 可知,UAV 在 LVF 导引下,顺利对目标完成了 Standoff 跟踪。

为得到制导矢量场的轨迹精确解析解,将式(7-4)以极坐标形式表示如下:

$$g(r,\rho)=\begin{bmatrix}\dot{r}\\r\dot{\rho}\end{bmatrix}=\frac{u_0}{r^2+r_d^2}\begin{bmatrix}-(r^2-r_d^2)\\2rr_d\end{bmatrix} \quad (7-8)$$

注意到,式(7-8)中的动力学方程独立于参数 ρ,由此可得

$$\frac{\mathrm{d}r}{\mathrm{d}\rho}=-\frac{r^2-r_d^2}{2rr_d} \quad (7-9)$$

解算式(7-9),得到

$$r(\rho)=\frac{1+k_r \mathrm{e}^{-\rho}}{1-k_r \mathrm{e}^{-\rho}}r_d, \quad k_r=\frac{r_0-r_d}{r_0+r_d} \tag{7-10}$$

其中,$r_0=r(0)$是 UAV 与目标之间的初始距离。将式(7-10)代入式(7-8)中$\dot{\rho}$ 方程,对该方程进行积分,得到

$$\rho-\rho_0=\frac{u_0}{r_d}t+2k_r\left(\frac{\mathrm{e}^{-\rho}}{1-k_r \mathrm{e}^{-\rho}}-\frac{\mathrm{e}^{-\rho_0}}{1-k_r \mathrm{e}^{-\rho_0}}\right) \tag{7-11}$$

其中,ρ_0 为初始极坐标的"时钟角度"。

式(7-10)和式(7-11)给出了 Lyapunov 制导矢量场的完整解析解。因此,UAV 在矢量场上的精确飞行轨迹是已知的。

7.3　跟踪起始点处航迹方位角误差收敛研究

7.3.1　基于误差反馈的航迹方位角误差修正法

前面已经提及,UAV 在实际执行跟踪任务的过程中,由于任务要求以及环境等因素影响,UAV 初始航迹方位角往往不会与期望航迹方位角对齐,而是在起始点处存在一定的初始航迹方位角误差。假设 UAV 存在的初始航迹方位角误差为 φ_e,其表达式为

$$\varphi_e=\varphi-\varphi_d \tag{7-12}$$

其中,φ 表示 UAV 实际航迹方位角,φ_d 为 UAV 期望航迹方位角。

为了对航迹方位角误差进行有效修正,论文采用了一种误差反馈修正方法,将航迹方位角误差 φ_e 乘以反馈增益 k,并添加到矢量场转动速率的前馈项中,此时的航迹方位角变化速率 u_2 可表示为

$$u_2=\dot{\varphi}=-k\varphi_e+\dot{\varphi}_d \tag{7-13}$$

式(7-13)中,k 为反馈增益。系统结构如图 7-4 所示。

对于 $k>0$,解算式(7-13)得到航迹方位角误差的指数收敛形式为

$$\varphi_e(t)=\varphi_{e0}\mathrm{e}^{-kt} \tag{7-14}$$

其中,$\varphi_{e0}=\varphi_e(0)$,且有 $\dot{\varphi}_e=-k\varphi_e$。

注意到在式(7-13)、式(7-14)中,参数 k 控制着航迹方位角误差收敛速度,并且为了不违背转弯速率约束(UAV 过载约束),必须选择适当的 k 值,在式(7-13)中的反馈项和前馈项之间达到适当的平衡。

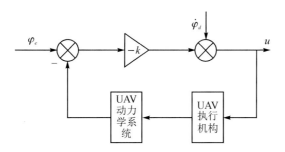

图 7 - 4　UAV 航迹方位角误差修正系统结构图

7.3.2　航迹方位角误差收敛性证明

在误差反馈修正方法下,UAV 实时航迹方位角 φ 将以指数形式收敛到期望值 φ_d,为证明该过程的收敛性,取 Lyapunov 函数

$$V_\varphi = \varphi_e^2 \qquad (7-15)$$

对上式求导,并联立式(7-14),可得

$$\dot{V}_\varphi = -2k\varphi_e^2 = -2kV_\varphi \leqslant 0 \qquad (7-16)$$

另一方面,$\Delta = \{\varphi_e : \varphi_e^2 \leqslant m < \pi^2\}$ 在 $V_\psi \leqslant 0$ 下,Δ 的值恒正,因此在上述范围内,V_φ 以指数形式收敛至 0。

7.3.3　存在航迹方位角误差时 UAV 期望航迹方位角速度求解

由式(7-4)和式(7-12),UAV 的动力学方程可以表示为

$$\begin{bmatrix} \dot{x} \\ \dot{y} \end{bmatrix} = \begin{bmatrix} \cos\varphi_e & -\sin\varphi_e \\ \sin\varphi_e & \cos\varphi_e \end{bmatrix} \begin{bmatrix} u_1\cos\varphi_d \\ u_1\sin\varphi_d \end{bmatrix} \qquad (7-17)$$

注意到,涉及航迹方位角误差 $\varphi_e(t)$ 的矩阵具有旋转矩阵的结构。此外,当航迹方位角误差 $\varphi_e(t)$ 收敛到零时,该矩阵以指数形式成为单位矩阵,此时 UAV 将沿着期望矢量场飞行。

根据式(7-17),当航迹方位角误差存在时,可得到期望的航迹方位角速度为

$$\dot{\varphi}_d = \frac{4u_0 r_d^3}{(r^2 + r_d^2)^2} - \frac{2u_0}{r}\sin\left(\frac{\varphi_e}{2}\right)\left[\cos\left(\phi - \frac{\varphi_e}{2}\right) - \sin\phi\sin\left(\phi - \frac{\varphi_e}{2}\right)\right]$$

$$(7-18)$$

此处期望的航迹方位角速度包括沿着式(7-7)中给出的制导矢量场的理想航迹方位角速度,以及一个涉及 $\sin(\varphi_e/2)$ 的附加项。当 φ_e 趋近零时,该项的值也趋近于零。

7.3.4　航迹方位角误差区域划分及收敛性证明

如图 7-5 所示,本文将 UAV 可能的初始航迹方位角划分为两个区域,分别是

区域 A 和区域 B。根据双旋 Lyapunov 矢量场定义[86]，本文将区域 A 称为逆时针区域，将区域 B 称为顺时针区域。

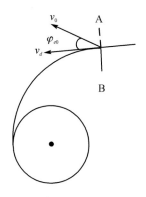

图 7 - 5　初始航迹方位角区域划分

基于误差反馈方法的航迹方位角误差收敛法的有界性和收敛性的结果取决于初始实际航迹方位角所处的区域。通常情况下，实际初始航迹方位角不会与制导矢量场对齐，而是指向图 7 - 5 中一个区域内。一般情况下，UAV 将选择就近的跟踪轨道作为飞行路线，具体选择方式由以下定理给出。

定理　假设 UAV 动力学方程由等式(7 - 17)给出，并受到 UAV 运动学约束，空速设置为一个常数 u_0，航迹方位角速度输入由式(7 - 13)和式(7 - 18)给出。以 UAV 在初始点处期望航迹方位角 φ_{d_0} 方向为基准，当初始航迹方位角误差存在时，实际航迹方位角与其所在区域划分如下：

$$\begin{cases} -\pi < \varphi_{e0} < 0, & A \\ 0 < \varphi_{e0} < \pi, & B \end{cases} \tag{7-19}$$

根据双旋 Lyapunov 矢量场定义，实际航迹方位角位于区域 A 的 UAV 将以逆时针方向修正误差、跟踪目标；实际航迹方位角位于区域 B 的 UAV 将以顺时针方向修正误差、跟踪目标。

上述的航迹方位角范围不包括 $\varphi_{e0} = 0$ 和 $|\varphi_{e0}| = \pi$ 两种情况。$\varphi_{e0} = 0$ 表示 UAV 的初始航迹方位角与制导矢量场对齐，该情况下无须进行航迹方位角误差修正，UAV 沿着期望航迹方位角飞行即可；$|\varphi_{e0}| = \pi$ 表示 UAV 实际航迹方位角与期望制导矢量场方向相反，该种情况下 UAV 的修正方向需根据制导矢量场初始方向所处区域决定：若制导矢量场初始方向位于区域 A，UAV 即以顺时针方向修正误差；反之，若制导矢量场初始方向位于区域 B，UAV 即以逆时针方向进行误差修正。

最终，UAV 都将渐近收敛至 Standoff 半径，并以恒定角速度绕着目标盘旋。

证明：为简化证明过程，考虑逆时针方向 Lyapunov 矢量场，即 UAV 实际初始航迹方位角位于区域 A。

为证明 UAV 在跟踪初始段的航迹方位角的收敛性，首先在极坐标下求解 UAV 在区域 A 内的 $r(t)$ 取值范围：

为方便分析，在进行航迹方位角误差分析之前引入角 ϕ，由于 $x = r\cos\rho$，$y = r\sin\rho$，可以根据下式得到角 ϕ：

$$\cos\phi = \frac{r^2 - r_d^2}{r^2 + r_d^2}, \quad \sin\phi = \frac{2rr_d}{r^2 + r_d^2} \tag{7-20}$$

由式(7-5)可得角 φ_d、θ 以及 φ 之间的关系如下：

$$\varphi_d = \rho - \phi + \pi \tag{7-21}$$

UAV 的动力学方程可用极坐标形式表示为

$$\begin{bmatrix} \dot{r} \\ r\dot{\rho} \end{bmatrix} = \frac{u_0}{r^2 + r_d^2} \begin{bmatrix} \cos\varphi_e & -\sin\varphi_e \\ \sin\varphi_e & \cos\varphi_e \end{bmatrix} \begin{bmatrix} -(r^2 - r_d^2) \\ 2rr_d \end{bmatrix} \tag{7-22}$$

将式(7-22)表示为关于 r 的动力学方程，即

$$\dot{r} = -u_0\cos(\phi - \varphi_e) \tag{7-23}$$

注意到，根据式(7-20)，当 $r \to \infty$ 时，$\phi \in [0, \pi)$，$\phi \to 0$；当 $r = r_d$ 时，$\phi = \pi/2$；当 $r \to 0$ 时，$\phi \to \pi$。

UAV 初始航迹方位角误差为 $-\pi \leqslant \varphi_{e0} \leqslant 0$(初始航迹方位角处于区域 A)，可得参数 r 的上界(设 $r_0 > r_d$)：

$$r(t) \leqslant r_0 + u_0 t_{r_{\max}} = r_{\sup} \tag{7-24}$$

其中，$t_{r_{\max}}$ 为 r 到达其最大值的时刻，表达式为

$$t_{r_{\max}} \leqslant \frac{1}{k}\ln\left(\frac{-\varphi_{e0}}{\pi/2 - \phi(0)}\right) \tag{7-25}$$

根据式(7-23)，对于所有的 $t \geqslant 0$，都有 $r(t) \geqslant r_d$。

本章采用 Lyapunov 函数证明航迹方位角误差存在的情况下 UAV 跟踪运动的收敛性，针对此问题考虑的 Lyapunov 函数为

$$V = \frac{1}{2}(r^2 - r_d^2)^2 + \frac{\lambda}{2}\varphi_e^2 \tag{7-26}$$

对于 $\lambda > 0$，根据式(7-22)、式(7-23)，可得到沿 UAV 飞行轨迹的 $\dot{V}$ 的表达式

$$\dot{V} = \frac{-2u_0 r(r^2 - r_d^2)^2}{r^2 + r_d^2} + 4u_0 r(r^2 - r_d^2)\sin\frac{\varphi_e}{2}\sin\left(\frac{\varphi_e}{2} - \phi\right) - \lambda k\varphi_e^2 \tag{7-27}$$

假设 $-\pi \leqslant \varphi_{e0} \leqslant 0$，$\dot{V}$ 有如下范围：

$$\dot{V} \leqslant \frac{-u_0 r(r^2 - r_d^2)^2}{r^2 + r_d^2} + \left[u_0 r_{\sup}(r_{\sup}^2 + r_d^2) - \pi k\right]\varphi_e^2 \tag{7-28}$$

根据下式选择参数 λ：

$$\lambda > \frac{1}{k} u_0 r_{\text{sup}} (r_{\text{sup}}^2 + r_d^2) \tag{7-29}$$

可以得到

$$\dot{V} \leqslant \frac{-u_0 r (r^2 - r_d^2)^2}{r^2 + r_d^2} - \alpha \varphi_e^2 \leqslant 0 \tag{7-30}$$

其中，$\alpha > 0$，因此，由式（7-23）有 $\lim\limits_{t \to \infty} r(t) = r_d$，$\lim\limits_{t \to \infty} \dot{\theta}(t) = u_0 / r_d$，证毕。

上述收敛性证明解决了航迹方位角收敛和跟踪过程收敛至 Standoff 圆之间的时间尺度分离问题。上述证明仅限于区域 A 的初始航迹方位角，对于初始航迹方位角位于区域 B 的情况，可以通过类似方法证明。

7.4　仿真验证

为了验证初始航迹方位角误差反馈法的实用性，本章针对 UAV 初始航迹方位角与期望航迹方位角不对齐情况设置仿真初始条件：目标初始点位于原点（0,0）处，UAV 初始位置位于（6,6）处（单位为 km，本节余同）；UAV 的初始航迹方位角 $\varphi_0 = \pi/3$；根据式（7-22），由 Lyapunov 矢量场可知，在 UAV 初始位置处的期望飞行航迹方位角 $\varphi_{d_0} = 3.464$，则 UAV 跟踪目标的初始航迹方位角误差为 $\varphi_{e_0} = 2.4168$；为了清晰表示 UAV 飞行轨迹，将 UAV 速度放大 10 倍，设置 UAV 飞行速度 $v_0 = 0.5 \text{ km/s}$；期望跟踪半径为 2 km；航迹方位角误差修正可行误差为 3%。

由于 UAV 航迹方位角误差修正对于静态和动态目标研究方法一致，因此为降低仿真复杂度，本节的仿真验证先对静止目标进行方法验证，再对于动态目标验证所提方法的适用性。

7.4.1　航迹方位角误差修正仿真

首先，应用 Lyapunov 矢量场方法将 UAV 由初始位置沿着矢量场方向导引至目标期望跟踪轨道上来，图 7-6 表示的是 UAV 跟踪目标的期望轨迹。

本章设置的 UAV 实际初始航迹方位角 $\varphi_0 = \pi/3$，收敛速度增益 $k = 0.3$，在航迹方位角误差反馈法下，UAV 航迹方位角误差将会以指数形式收敛，使得实际航迹方位角最终与期望航迹方位角对齐，完成航迹方位角误差的修正。

图 7-7 为 UAV 沿期望矢量场方向跟踪目标轨迹和 UAV 实际存在航迹方位角误差时的跟踪轨迹，图 7-8 为 UAV 在沿实际航迹方位角飞行过程中的误差变化。

由图 7-8 可知，UAV 在飞行过程中，其初始航迹方位角误差由初始值 2.4186

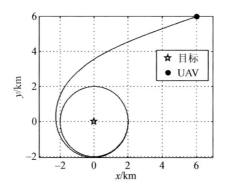

图 7 - 6　UAV 沿期望航迹方位角导引至目标仿真图

以指数形式收敛至 0.072 5 之内,用时 11.8 s。当 UAV 完成误差修正后,UAV 飞行航迹方位角与期望矢量场方向对齐之后,UAV 即沿着期望矢量场飞行。

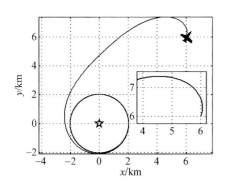

图 7 - 7　$\varphi_0 = \pi/3$ 时 UAV 飞行轨迹

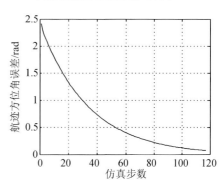

图 7 - 8　航迹方位角误差修正图

7.4.2　UAV 航迹方位角误差收敛速度仿真

由 7.3 节中分析的内容可知,参数 k 作为误差反馈的增益项,对 UAV 航迹方位角误差的收敛速度起着直接作用,同样以 7.4.1 节中仿真条件作为初始条件,分别对 $k_1 = 0.3$、$k_2 = 0.6$ 以及 $k_3 = 2$ 进行仿真,仿真结果如图 7 - 9 和图 7 - 10 所示。不同 k 值下的修正时间如表 7 - 1 所列。

表 7 - 1　不同 k 值下修正时间

仿真序号	k 值	修正时间/s
1	0.3	11.8
2	0.6	5.9
3	2	1.8

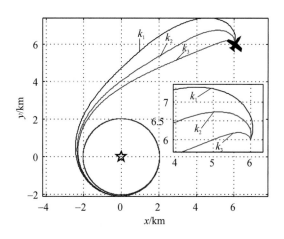

图 7 - 9　不同 k 值下 UAV 轨迹仿真图

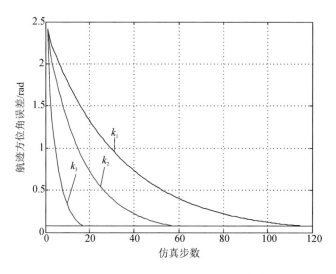

图 7 - 10　不同 k 值下航迹方位角误差收敛速度

　　由仿真结果可知,随着反馈增益 k 值的增大,以误差反馈法修正 UAV 航迹方位角误差所需的时间就越少,即 UAV 航迹方位角将以更快的速度向期望的制导矢量场方向收敛对齐。但是 k 值的增加同时会造成 UAV 转向曲率过大,即 UAV 承受的过载超过 UAV 最大负荷的问题,因此在实际情况中,应考虑 UAV 自身最大承受过载限制。

7.4.3　不同航迹方位角收敛方法对比仿真

　　本章选择圆弧补偿法修正航迹方位角作为对比仿真对象。圆弧补偿法是在 UAV 从起始点出发时,使 UAV 沿圆形轨迹飞行,飞行过程中,不断对比 UAV 当前的飞行航迹方位角与期望航迹方位角。显然,在圆弧上必然存在一个点,在该点处 UAV 的实际飞行航迹方位角与 Lyapunov 矢量场提供的期望航迹方位角是对齐的, UAV 飞行至该点后沿着期望航迹方位角飞行即可。

为了保证 UAV 在最短时间内完成航迹方位角误差的修正,取圆形轨迹半径为 UAV 最小转弯半径 $r_{\min}$。仿真初始条件与 4.4.1 节一致,仿真结果如图 7 - 11 所示。

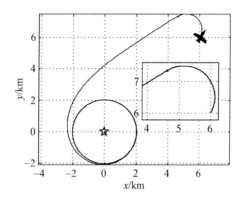

图 7 - 11　圆弧补偿方法修正航迹方位角误差仿真图

为了对比误差反馈法和圆弧补偿两种修正方法的性能,本章取增益值 $k = 1$,在该条件下计算得到的 UAV 最小转弯半径为 $r_{\min} = 0.206\,9\,\mathrm{km}$,在此条件下进行仿真试验,得到结果如图 7 - 12 所示。

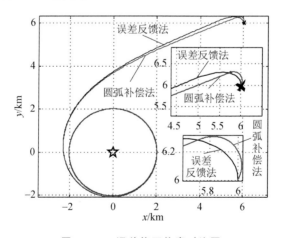

图 7 - 12　误差修正仿真对比图

由图 7 - 12 可以看出,两种航迹方位角修正方法在 UAV 出发时以相同的转弯速率飞行,但是以误差反馈方法修正航迹方位角误差,UAV 飞行轨迹曲率以较快速度降低,圆弧补偿修正方法下 UAV 则保持最大曲率飞行,直至完成相位角修正。

　　两种航迹方位角误差修正方法下 UAV 完成误差修正的时间如表 7 - 2 所列。

表 7 - 2　不同修正方式下航迹方位角误差修正时间

修正方式	修正时间 t/s
误差反馈法	1.1
圆弧补偿法	1.02

　　由仿真结果可知,本章所提出的误差反馈方法与以圆弧补偿法修正航迹方位角误差的方法在相同 UAV 可用过载条件下,误差修正时间以及 UAV 航程上没有特别明显的差别。然而,圆弧补偿修正方法下 UAV 在初始段要保持大曲率转弯以对齐航迹方位角,这无疑对 UAV 初始飞行段提出了较高的过载要求;相比之下,本章提出的基于误差反馈的航迹方位角修正方法能够使 UAV 在航迹方位角误差修正过程中,逐渐减少 UAV 承受的过载,同时并没有牺牲较多的 UAV 飞行路径以及误差修正时间。因此,误差反馈法的仿真结果体现出该方法较好的过载适应性和快速性。

7.4.4　跟踪动态目标下航迹方位角误差修正仿真

　　在上述仿真中对于 UAV 跟踪静态目标进行了航迹方位角误差修正仿真验证,证明了该方法的有效性和实用性。图 7 - 13 为同样初始条件的 UAV 跟踪由原点位置出发沿 x 轴正方向运动的目标的仿真示意图。

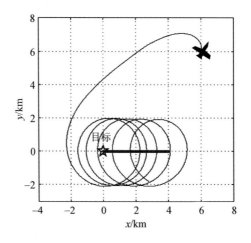

图 7 - 13　UAV 跟踪动态目标航迹方位角误差修正仿真图

　　由图 7 - 13 可知,UAV 由初始点出发后,经过航迹方位角修正,逐渐跟踪上移动目标,并完成定距盘旋跟踪。仿真验证证明了本章所提出的修正方法同样适用于 UAV 跟踪动态目标的航迹方位角误差修正。

7.5　本章小结

　　本章针对 UAV 跟踪目标初始段存在航迹方位角误差的问题,提出了一种基于误差反馈的航迹方位角误差修正方法,该方法能够对 UAV 跟踪目标起始点处存在的航迹方位角误差进行快速的修正,使航迹方位角误差以指数形式收敛,且收敛速度可控;误差反馈修正方法下的 UAV 航迹方位角误差除了具有收敛性外,还具有全局稳定性;除此之外,该方法在快速修正航迹方位角误差的过程中,还具有过载持续降低,对 UAV 抗载荷能力要求低等优点。仿真对比结果验证了提出的方法在解决初始段航迹方位角平滑过渡问题方面的有效性和实用性。

第8章 基于轨道变换法的多 UAV 相位角协同跟踪

8.1 引 言

执行跟踪任务时,UAV 通过机载探测传感器捕捉目标信息,UAV 的探测视野呈椭圆形。多 UAV 协同跟踪目标时,往往要求机载传感器探测区域能够全面覆盖目标,从如今的 UAV 协同技术来看,该要求在 Standoff 跟踪方式下易于实现。为保证目标信息获取效率,各 UAV 进行 Standoff 跟踪时需要保持一定的相位角间隔,机载传感器就可以从不同的方位观测目标,实现对目标的"全覆盖"。

本章针对多 UAV 跟踪目标的相位角协同问题,面向 Standoff 跟踪模式,提出一种轨道变换法。设计了内外两个跟踪轨道,基于 UAV 运动学模型,利用 Lyapunov 矢量场导引 UAV 跟踪目标,通过轨道变换法使得各 UAV 先后进入期望跟踪轨道,根据时间差修正相位角差,根据多 UAV 之间相位角差大小排列各 UAV 进行机动变轨顺序。

8.2 面向 Standoff 跟踪的多 UAV 相位角协同模型建立

本书在第 7 章中以 Lyapunov 矢量场作为 UAV 跟踪制导律,在矢量场作用下,UAV 将沿矢量场飞行,直至跟踪上目标,但是 UAV 跟踪上目标时的时间和位置是无法人为设置的。如图 8-1 所示,当多 UAV 跟踪上目标时,各 UAV 到达 Standoff 跟踪圆的时间、位置并非是协调的。多 UAV 在对目标进行协同跟踪时,要求 UAV 不仅要收敛到期望的跟踪圆上,同时 UAV 相互之间还要收敛到一定的相位角间隔上,UAV 的相位角 θ 为目标和 UAV 之间的连线与地理坐标系中 x_a 之间的夹角。相位协同跟踪使多 UAV 以均等相位角间隔分布于目标上方期望跟踪圆上,防止目标丢失,即要求 $\Delta\theta_1 = \Delta\theta_2$。

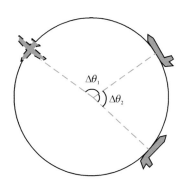

图 8 - 1　多 UAV 协同跟踪

8.2.1　多 UAV 跟踪模型建立

本节同样采用 UAV 对目标实施固定距离（Standoff）盘旋跟踪的方式进行目标的持续跟踪。目标位置为 $P_t = (x_t, y_t, z_t)$，n 架 UAV 起始位姿信息分别为 $P_{u_i} = (x_{u_i}, y_{u_i}, z_{u_i}, v_{u_i})(i = 1, 2, \cdots, n)$，假设 UAV 速度大小恒定不变，即 $\| v_{u_i} \| = v_0$。各 UAV 在 Lyapunov 矢量场制导策略 G_i 的导引下，在期望时间 t_d 内到达以 (x_t, y_t) 为圆心，r_d 为半径的目标圆上方，距离目标圆水平面 h_d 处，飞行速度为 $v_d(v_d = v_0)$，UAV$_i$ 的相位角为 θ_i，UAV$_i$ 与 UAV$_j$ 之间相位角间隔为 θ_{ij}。三架 UAV 协同跟踪地面目标如图 8 - 2 所示。

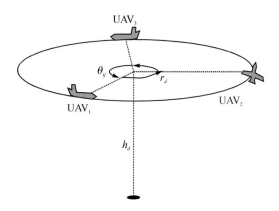

图 8 - 2　3 架 UAV 协同 Standoff 跟踪

为了使 UAV 机载传感器能够对目标实施有效覆盖，达到高效的目标信息获取效果，应使各 UAV 均匀地分布在目标圆上空，即 $\theta_{12} = \theta_{23} = \theta_{31}$。

在东北天坐标系中，连续时间下的 UAV 的 3 自由度点质量模型可表示为

$$\begin{cases} \dot{x} = v_0 \cdot \cos \mu \cdot \cos \varphi \\ \dot{y} = v_0 \cdot \cos \mu \cdot \sin \varphi \\ \dot{z} = v_0 \cdot \sin \mu \\ \dot{\varphi} = \omega \end{cases} \tag{8-1}$$

其中，μ 表示航迹倾斜角，φ 为航迹方位角。为了后续研究方便，本章将 UAV 速度矢量 $\mathbf{V}_0$ 在水平面的投影 $\mathbf{V}_0 \cdot \cos \beta$ 记作 v_0，则式（8-1）中的模型可以简化为

$$\begin{cases} \dot{x} = v_0 \cdot \cos \varphi \\ \dot{y} = v_0 \cdot \sin \varphi \\ \dot{z} = v_0 \cdot \tan \mu \\ \dot{\varphi} = \omega \end{cases} \tag{8-2}$$

8.2.2 三维 LVF 导引模型

在跟踪过程中，需要由 UAV 机载控制设备为 UAV 的飞行提供合适的制导律。本章考虑的三维空间下的 Lyapunov 矢量场函数为

$$V_{3d}(P) = \frac{1}{2}(r^2 - r_d^2)^2 + \frac{1}{2}(h^2 - h_d^2)^2 \tag{8-3}$$

其中，$r = \sqrt{(x_u - x_t)^2 + (y_u - y_t)^2} = \sqrt{x_r^2 + y_r^2}$ 表示水平面上飞行器与目标的距离，$h = z_r = z_u - z_t$ 表示垂直方向上飞行器与目标的高度差。

选取引导 UAV 飞行的速度矢量场 v_{3d} 如下：

$$v_{3d}(u) = \begin{bmatrix} v_{3d,x} \\ v_{3d,y} \\ v_{3d,z} \end{bmatrix} = \frac{v_0}{r \cdot (r^2 + r_0^2)} \begin{bmatrix} -x_r \cdot (r^2 - r_0^2) - y_r \cdot (2rr_0) \\ -y_r \cdot (r^2 - r_0^2) + x_r \cdot (2rr_0) \\ -\kappa \cdot r \cdot (h^2 - h_d^2) \end{bmatrix} \tag{8-4}$$

其中，κ 决定了 UAV 在垂直方向上的收敛速率，且根据横纵坐标轴速度可知水平面上的速度大小，即为 v_0。对式（8-3）求导可得

$$\frac{dV_{3d}}{dt} = \begin{bmatrix} \dfrac{\partial V}{\partial x}, \dfrac{\partial V}{\partial y}, \dfrac{\partial V}{\partial z} \end{bmatrix} \cdot \begin{bmatrix} v_{3d,x} \\ v_{3d,y} \\ v_{3d,z} \end{bmatrix}$$

$$= \frac{-2rv_0 \cdot (r^2 - R_0^2)^2 - 2\kappa v_0 \cdot (h^2 - H^2)^2}{r^2 + R_0^2} \tag{8-5}$$

根据式（8-2）中各符号定义可知：不等式 $dV(P)/dt \leqslant 0$ 恒成立。当 UAV 处于跟踪圆上且处于最优高度时（$r = r_d$，$h = h_d$），$dV(P)/dt = 0$。故可知速度式（8-4）引导 UAV 逐渐收敛并稳定在跟踪圆上。

图 8 - 3 表示的是从初始点(2,0,1)出发的 UAV,由 LVF 导引,在高度 0.5 处跟踪位于原点(0,0,0)处的固定地面目标。

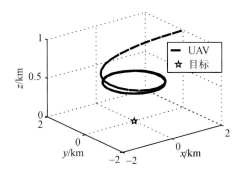

图 8 - 3　LVF 导引 UAV 跟踪目标

8.3　轨道变换法

上述 Lyapunov 矢量场方法可将单架 UAV 导引至目标圆处,但是对于多 UAV 协同跟踪目标的情况,各 UAV 在 LVF 矢量场导引下到达目标跟踪圆时的位姿是无法精确控制的,故多 UAV 之间的相位角差无法控制。因此,为实现 UAV 之间的相位角协同,本章以牺牲路径长度为代价,在多 UAV 跟踪的过程中进行简单、高效的相位角修正。考虑到相位角修正过程中多 UAV 均处于同一水平面,故本节在二维平面上研究多 UAV 相位角修正问题。

为解决 UAV 之间相位角修正问题,本节设计了一种轨道变换法。如图 8 - 4 所示,以期望跟踪轨道半径为 $r_i = r_d$ 的内轨道,在该轨道外,再设置一个外轨道,外轨道半径 $r_o = 2r_i$。

这里需要说明,外轨道半径大小应根据实际需要进行设置,论文主要研究该方法对相位角的协同修正效果,不考虑内外轨道半径比值的影响。

8.3.1　多 UAV 相位角协同方案

首先,设第 i 架 UAV 到达外轨道时间为 $t_{uo_i}(i = 1,2,\cdots,n)$,则所有 UAV 都到达外轨道的时间为 $t_r = \max[t_{uo_i}]$,$i = 1,2,\cdots,n$。t_{uo_i} 是由 UAV 的初始位置以及外轨道半径 r_o 决定的。在 t_r 时刻,所有 UAV 都在外轨道上飞行,因此该时刻 UAV 之间的相位角差也随之确定。

以 x 轴正方向为相位基准,设第 i 架 UAV 到达目标圆外轨道位置为 $P_{u_i}(O)$,经过机动后到达内轨道的位置为 $P_{u_i}(I)$。如图 8 - 5 所示,UAV 由外轨道进入内轨道过程中相位角改变量为 $\Delta\theta=\nu$。

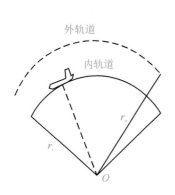

图 8 - 4　双轨道模型

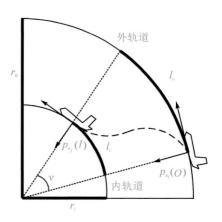

图 8 - 5　轨道变换法修正相位角图

假设　为避免相邻两架 UAV 发生相撞,本节规定 UAV 飞行速度恒定不变,即位于轨道上的相邻两架 UAV 飞行顺序不变。

UAV 之间的相位角差为 $\Delta\theta_{ij}(i,j=1,2,\cdots,n)$,即

$$\Delta\theta_{ij}=\theta_i-\theta_j \tag{8-6}$$

在引言中提到,多 UAV 跟踪目标时,为使机载传感器能够全面覆盖目标,UAV 在跟踪圆轨道上的分布应是均匀的。按上述 UAV 分布原则,n 架 UAV 在目标圆上空盘旋时,期望的相位角分离值为 $\theta_d=2\pi/n$,此时 UAV_i 与 UAV_j 之间的相位角误差 $\tilde\sigma_{ij}$ 也随之确定:

$$\tilde\sigma_{ij}=|\Delta\theta_{ij}|-\theta_d \tag{8-7}$$

图 8 - 5 中,圆心角 ν 在外轨道和内轨道上分别对应弧段 l_o 和 l_i。飞行速度恒定的情况下,外轨道飞行角速度 ω_o 小于内轨道飞行角速度 ω_i。考虑在半径为 r 的圆形轨道上以速度 v_0 飞行的 UAV,在时间 t 内的角度变化 ν 可表示为

$$\nu=\omega\cdot t=v_0t/r \tag{8-8}$$

式(8 - 7)中相位角误差需要通过位于两个轨道上的 UAV 飞行相同时间而产生的相位角度差来补偿。设修正时间为 t_c,t_c 可以通过上述原理得到

$$|\tilde\sigma|=v_0t_c/r_i-v_0t_c/r_o \tag{8-9}$$

$$t_c=\frac{|\tilde\sigma|r_or_i}{v_0(r_o-r_i)} \tag{8-10}$$

上述相位角修正方案仅针对两架 UAV 而言。然而在实际跟踪问题中,往往需要 3 架或更多 UAV 对目标进行跟踪。在假设的前提下,UAV 之间需要修正的相位角大小是不同的,即修正时间不同。因此,需要对 UAV 进入内轨道的先后顺序进行排序。

8.3.2　轨道变换顺序研究

首先,考虑两架 UAV 之间的轨道机动变换顺序问题。对于相邻的两架无人飞行器 UAV_i 和 UAV_j,当它们都位于外轨道时相位角误差为 $\tilde{\sigma}_{ij}$,则其进入内轨道顺序可由如下定理得到:

定理　若 $\tilde{\sigma}_{ij} > 0$,则 UAV_j 先进行轨道变换,进入内轨道;若 $\tilde{\sigma}_{ij} < 0$,则 UAV_i 先进行轨道变换,进入内轨道。

图 8-6 描述了一种典型情况,即两架 UAV 在 $\sigma_d = \pi/2$ 下进行轨道变换顺序。图 8-7 显示了在二维水平面上,由于相位角误差值的正负带来的机动顺序上的先后。这里需要强调,UAV 通过机动收缩进行轨道变换的过程是相同的,对相位角值的影响可相互抵消,因此在轨道变换上消耗的时间不会对相位角修正造成影响。

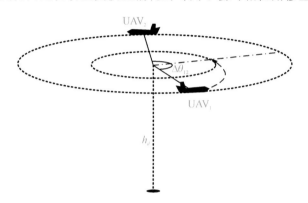

图 8-6　三维相位角修正图

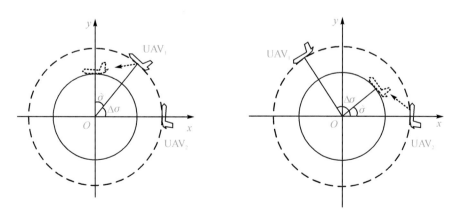

图 8-7　两架 UAV 轨道变换二维示意图

基于两架 UAV 相位角修正过程中的轨道变换定理,可推导多 UAV 相位角修正中进行轨道变换的顺序。当 UAV 数量大于 2 时,单架 UAV 与相邻的两架 UAV 都会形成相位角差,需要将两个相位角差都修正到期望的相位角值。

因此,在确定多 UAV 轨道变换顺序时,需要综合考虑任意两架 UAV 之间的轨道变换顺序及其相位角修正时间两个方面的因素。

具体步骤如下:

步骤①:任意选取一架 UAV 为基准,在前面假设的条件下,确定该 UAV 与下一架 UAV 之间进行轨道变换的顺序,同时计算相位角修正时间 $t_{c_{ij}}$。依次对所有 UAV 进行上述两个参数的计算。

步骤②:依据步骤①中计算数据,综合考虑两个方面的因素,将 UAV 轨道变换时间顺序排列出来。

为表示清晰,本节在一维坐标上,以时间 t 为轴,将 UAV 轨道变换顺序以及相位角修正时间同时表示出来。

图 8-8 表示的是 n 架 UAV 先后进行轨道变换的顺序。

图 8-8　多 UAV 轨道变换顺序

实际的多 UAV 跟踪目标协同相位角修正过程中,在不改变 UAV 飞行次序的条件下,为了尽可能减少总用时,可以同时进行多个相位角误差的修正,而不需要逐一完成。

按照上述 UAV 机动顺序的确定方法,可得到唯一的机动变换顺序。

8.4　仿真验证

8.4.1　多 UAV 跟踪目标仿真

本章针对 3 架 UAV 协同跟踪目标设置仿真初始条件:目标位置为 $(0,0,0)$,期望跟踪圆位于目标上空 500 m 处,期望跟踪半径(内轨道 r_i)$r_d = r_i = 500$ m,外轨道半径 $r_o = 1\ 000$ m,3 架 UAV 初始位置分别为 $P_{u_1} = (2\ 000, 2\ 000, 1\ 000)$,$P_{u_2} = (-1\ 200, 1\ 500, 1\ 200)$,$P_{u_3} = (500, -1\ 000, 1\ 300)$(单位为 m,本节余同),UAV 飞行速度为 $v_o = 50$ m/s。

首先应用 Lyapunov 矢量场方法将 UAV 导引至目标跟踪外轨道上。图 8-9 为 3 架 UAV 在外轨道上跟踪目标的仿真结果,图 8-10 为二维平面示意图。

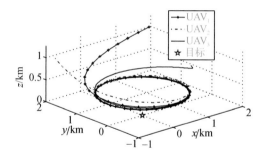

图 8 - 9　3 架 UAV 外轨道协同跟踪目标仿真图

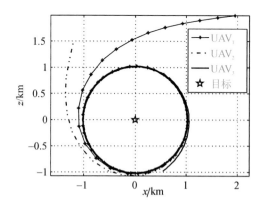

图 8 - 10　3 架 UAV 协同跟踪二维视图

　　由图 8 - 9、图 8 - 10 可知，3 架 UAV 从各自的起始位置出发，在 Lyapunov 矢量场的导引下，飞行至以目标为圆心，r_o 为半径的目标上空进行盘旋跟踪。为进行相位角修正，需要定下时间基准，本节进行该仿真时，以 UAV 出发时间为基准时间零点，对 3 架 UAV 完成以 r_o 为半径的 Standoff 跟踪所使用的时间进行解算，3 架 UAV 到达外轨道时的位置分别为（794.7，−646.9）、（389.4，947.8）、（−467.7，−911.7），到达时刻 UAV 的飞行路径长度、用时以及达到外轨道时刻相位角值如表 8 - 1 所列。

表 8 - 1　UAV 到达时刻参数

UAV	路径长度/km	用时/s	相位角/(°)
1	19.600	392	320.853 8
2	21.387 8	427.756	67.664 9
3	21.525 5	430.510 0	242.842 3

8.4.2　轨道变换法修正多 UAV 相位角差

由表 8-1 中解算结果，UAV_3 到达跟踪外轨道前飞行的时间最长，共用时 430.51 s，在其到达外轨道之前，UAV_1 和 UAV_2 已经到达目标跟踪外轨道，并在轨道上飞行了一段时间。

由于本章研究的是 UAV 之间的相位角差修正，而 UAV 之间的相位角差定义在跟踪圆所在水平面上，故表 8-1 中相位角是 3 架 UAV 相对于跟踪的外轨道圆心得到的。

最后一架 UAV 到达外轨道时，t_r 值即可确定，$t_r = 430.51$ s。此时，UAV_1 和 UAV_2 的位置以及相位角已经更新，在 $t_r = 430.51$ s 时刻 UAV 的位置以及相位角如表 8-2 所列。

表 8-2　t_r 时刻 UAV 参数

UAV	位置/m	相位角/(°)
1	(322.6,946.5,500)	71.176 8
2	(249.5,968.4,500)	75.554 5
3	(−467.7,−911.7,500)	242.842 3

确定 t_r 时刻三架 UAV 位置以及相位角值后，即可得相邻 UAV 之间的相位角差：$\Delta\theta_{12} = -4.38°$，$\Delta\theta_{23} = 167.29°$。对应相位角误差为 $\tilde{\sigma}_{12} = 115.62°$，$\tilde{\sigma}_{23} = 47.29°$。应用轨道变换法修正时间分别为 $t_{c_{12}} = 40.338\ 0$ s，$t_{c_{23}} = 16.498\ 9$ s。根据 UAV 变换轨道顺序方案，将 3 架 UAV 机动顺序在一维时间坐标轴上表示，如图 8-11 所示。

图 8-11　3 架 UAV 轨道变换顺序图

由图 8-11 可知，UAV_2 先进行轨道变换，经过时间 $t_{c_{23}}$ 后，UAV_3 进行轨道变换，再经过时间 $t_{c_{13}}$ 后，UAV_1 进行轨道变换。

按照上述方案对多 UAV 跟踪进行相位角协同修正。本章中 UAV 由外轨道机动至内轨道的路径规划采用双圆弧路径，得到协同相位角修正仿真结果如图 8-12~图 8-15 所示。

图 8-12~图 8-15 为 3 架 UAV 对位于原点的目标进行协同跟踪相位角修正仿真的结果。图 8-12 中，各个 UAV 先由 LVF 导引至外轨道，之后根据机动顺序，依次进行

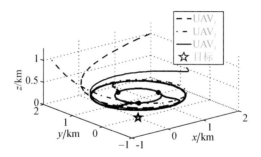

图 8 - 12　3 架 UAV 协同跟踪目标相位角修正仿真三维视图

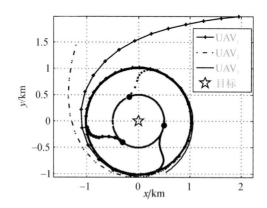

图 8 - 13　相位角修正二维视图

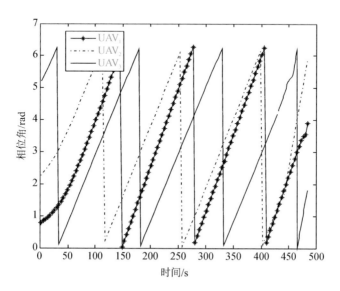

图 8 - 14　UAV 相位角变化图

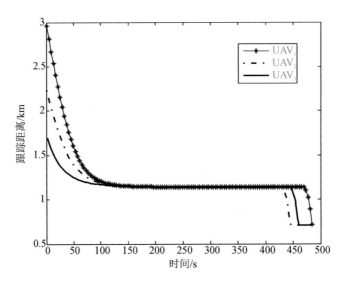

图 8 - 15　UAV 跟踪距离变化图

轨道变换,通过 UAV 在内轨道和外轨道飞行产生的相位角差对相位角进行协同修正。

图 8 - 13 为跟踪相位角修正二维示意图。从图中可以看出,3 架 UAV 最终完成了 120°相位角分隔要求。完成相位角协同时刻,各 UAV 的位置以及相位角如表 8 - 3 所列,由仿真结果可知,本章所提出的相位角修正方法能够实现角度协调,误差控制在±3°以内。

表 8 - 3　完成任务时刻 UAV 参数

UAV	位置/m	相位角/(°)
1	(495，−72,500)	231.681 2
2	(184.8，464.5,500)	349.681 6
3	(309.7，392.6,500)	109.864 3

图 8 - 15 中,当完成协同跟踪时,各 UAV 对于目标的 Standoff 跟踪距离达到 707 m。

8.4.3　多 UAV 相位角协同修正对比仿真

为体现本章提出的轨道变换法在多 UAV 相位角协同修正上的优势,该节应用 LVF 对 3 架 UAV 跟踪目标过程中产生的相位角差进行修正。

在使用 LVF 方法调节相位角差时,需要改变 UAV 空速 v_0,本节设置 UAV 空速(km/s)取值范围为 $v_0 \in [0.05,0.13]$。由 3 架 UAV 跟踪位于(0,0,1)处的目标。仿真结果如图 8 - 16～图 8 - 18 所示。

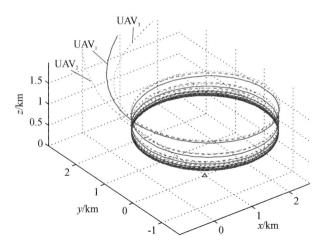

图 8 - 16　LVF 导引下 3 架 UAV 协同跟踪目标

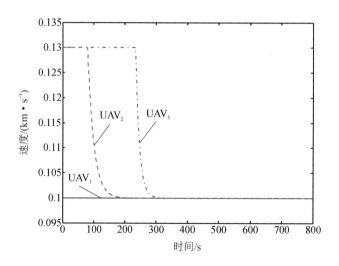

图 8 - 17　UAV 速度变化图

根据图 8 - 16～图 8 - 18 的仿真结果可知,LVF 导引能够将 3 架 UAV 导引至目标处完成定距盘旋跟踪,并且 UAV 之间的相位角差能够逐渐修正期望值。但是,由图 8 - 17 可知,在完成 UAV 之间的相位角修正过程中,UAV 飞行速度较大,且修正过程中改变幅度较大,容易产生震颤问题;而且,由图 8 - 18 可知,3 架 UAV 完成相位角协同修正用时相对较长。

对比可知,LVF 方法对于 UAV 实时速度变化要求较高,UAV 需要在完成相位角协同之前不断改变飞行速度大小,这无疑对 UAV 机动能力提出了较高的要求;同时,多 UAV 修正相位角所用时间较长,与轨道变换法相比需要消耗更多时间。

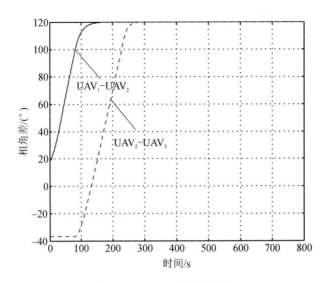

图 8 - 18　UAV 间的相位差

8.5　本章小结

　　本章针对多 UAV 目标跟踪相位角协同问题，提出了一种轨道变换法。在期望跟踪轨道外设置一个外轨道，通过 LVF 将不同位置的 UAV 先导引至外轨道，再根据机动顺序依次对 UAV 间的相位角进行修正。仿真结果验证了轨道变换法在解决多 UAV 跟踪目标相位角协同修正问题方面的有效性和实用性。文中模型能够为 UAV 跟踪以及信息获取提供技术支撑，具有一定的理论意义和军事价值。

参考文献

［1］Fahlstrom P，Gleason T. Introduction to UAV Systems［M］. 4th ed.［S. l.］：John Wiley & Sons，2017.

［2］沈林成，牛轶峰，朱华勇. 多无人机自主协同控制理论与方法［M］. 北京：国防工业出版社，2013.

［3］Franklin M. Unmanned combat air vehicles：opportunities for the guided weapons industry？［J］. RUSI Occasional Paper，2009.

［4］Valavanis K P. Advances in Unmanned Aerial Vehicles：State of the Art and the Road to Autonomy［M］.［S. l.］：Springer Science & Business Media，2008.

［5］张莹莹，周德云，夏欢. 不确定环境下多无人机协同搜索算法研究［J］. 电光与控制，2012，19（2）：5-8.

［6］田菁，陈岩，沈林成. 不确定环境中多无人机协同搜索算法［J］. 电子与信息学报，2007，29（10）：2325-2328.

［7］吴文超，黄长强，宋磊，等. 不确定环境下的多无人机协同搜索航路规划［J］. 兵工学报，2011，32（11）：1337-1342.

［8］王嘉博，刘莉，王祝，等. 持续监视问题多无人机协同搜索策略［J］. 弹箭与制导学报，2013（1）：171-175.

［9］符小卫，李建，高晓光. 带通信约束的多无人机协同搜索中的目标分配［J］. 航空学报，2014，35（5）：1347-1356.

［10］吴青坡，周绍磊，刘伟，等. 基于集散式模型预测控制的多无人机协同分区搜索［J］. 控制理论与应用，2015，32（10）.

［11］郭莉菲. 多机器人协同搜索目标源及几何图形部署［J］. 工业控制计算机，2014（3）：73-75.

［12］王勋，姚佩阳，梅权. 多无人机协同运动目标搜索问题研究［J］. 电光与控制，2016，23（8）：18-22.

［13］刘振，胡云安，史建国. 无人机动态目标搜索的建模及求解［J］. 电光与控制，2013，20（11）：1-6.

［14］Martin S，Ouelhadj D，Beullens P，et al. A multi-agent based cooperative approach to scheduling and routing［J］. European Journal of Operational Research，2016，254（1）：169-178.

[15] Li P，Duan H．A potential game approach to multiple UAV cooperative search and surveillance[J]．Aerospace Science and Technology，2017（68）：403-415.

[16] Rochefort Y，Piet-Lahanier H，Bertrand S，et al．Model predictive control of cooperative vehicles using systematic search approach[J]．Control Engineering Practice，2014，32：204-217.

[17] 杜继永，张凤鸣，毛红保，等．多 UAV 协同搜索的博弈论模型及快速求解方法[J]．上海交通大学学报，2013，47（4）：667-673.

[18] 杜继永，张凤鸣，刘华伟，等．多机分布式协同搜索方法及模糊算法求解[J]．华中科技大学学报：自然科学版，2013（5）：96-101.

[19] 魏瑞轩，周凯，茹常剑，等．多无人机协同搜索的模糊认知决策方法研究[J]．中国科学：技术科学，2015，6：004.

[20] 沈东，魏瑞轩，祁晓明，等．基于 MTPM 和 DPM 的多无人机协同广域目标搜索滚动时域决策[J]．自动化学报，2014，40（7）：1391-1403.

[21] Chen J，Zha W，Peng Z，et al．Cooperative area reconnaissance for multi-UAV in dynamic environment[C]//Control Conference（ASCC），2013 9th Asian．IEEE，2013：1-6.

[22] 王勋，张代兵，沈林成．一种基于虚拟力的无人机路径跟踪控制方法[J]．机器人，2016，38（3）：329-336.

[23] Campbell M E，Whitacre W W．Cooperative tracking using vision measurements on seascan UAVs[J]．IEEE Transactions on Control Systems Technology，2007，15（4）：613-626.

[24] Shaferman V，Shima T．Cooperative UAV tracking under urban occlusions and airspace limitations[C]//AIAA Conf．on Guidance，Navigation and Control，（Honolulu，Hawaii）．2008.

[25] Wise R A，Rysdyk R T．UAV coordination for autonomous target tracking[C]//Proceedings of the AIAA Guidance，Navigation，and Control Conference，Keystone，CO，Aug．2006：21-24.

[26] Oh H，Turchi D，Kim S，et al．Coordinated standoff tracking using path shaping for multiple UAVs[J]．IEEE Transactions on Aerospace and Electronic Systems，2014，50（1）：348-363.

[27] Kim S，Oh H，Tsourdos A．Nonlinear model predictive coordinated standoff

tracking of a moving ground vehicle[J]. Journal of Guidance，Control，and Dynamics，2013，36(2)：557-566.

[28] 王树磊，魏瑞轩，郭庆，等. 面向协同 standoff 跟踪问题的无人机制导律[J]. 航空学报，2014，35(6)：1684-1693.

[29] Frew E W，Lawrence D A，Morris S. Coordinated standoff tracking of moving targets using Lyapunov guidance vector fields[J]. Journal of Guidance Control and Dynamics，2008，31(2)：290-306.

[30] Chen H，Chang K C，Agate C S. A dynamic path planning algorithm for UAV tracking[C]//Proceedings of SPIE. 2009，7336：73360B.

[31] Chen H，Chang K，Agate C S. UAV path planning with tangent-plus-Lyapunov vector field guidance and obstacle avoidance[J]. IEEE Transactions on Aerospace and Electronic Systems，2013，49(2)：840-856.

[32] Quintero S A P，Papi F，Klein D J，et al. Optimal UAV coordination for target tracking using dynamic programming[C]//Decision and Control (CDC)，2010 49th IEEE Conference on. IEEE，2010：4541-4546.

[33] Lee S O，Cho Y J，Hwang-Bo M，et al. A stable target-tracking control for unicycle mobile robots[C]//Intelligent Robots and Systems，2000.(IROS 2000). Proceedings. 2000 IEEE/RSJ International Conference on. IEEE，2000，3：1822-1827.

[34] Zhu S，Wang D. Adversarial ground target tracking using UAVs with input constraints[J]. Journal of Intelligent & Robotic Systems，2012，65(1)：521-532.

[35] 朱黔，周锐，董卓宁，等. 角度测量下双机协同 standoff 目标跟踪[J]. 北京航空航天大学学报，2015，41(11)：2116-2123.

[36] 赵长春，梁浩全，祝明，等. 基于改进 RPG 方法的 MUAVs 协同目标跟踪[J]. 航空学报，2016，37(5)：1644-1656.

[37] 宋志强，周献中，李华雄. 多地面无人平台协同尾随跟踪[J]. 浙江大学学报：工学版，2015 (12)：2349-2354.

[38] Oh H，Kim S，Shin H S，et al. Rendezvous and standoff target tracking guidance using differential geometry[J]. Journal of Intelligent&Robotic Systems，2013：1-17.

[39] Ragi S，Chong E K P. UAV path planning in a dynamic environment via partially observable Markov decision process[J]. IEEE Transactions on Aero-

space and Electronic Systems，2013，49(4)：2397-2412.

[40] 季荣涛，周献中，王慧平，等. 基于 Lyapunov 法和势场法的对峙跟踪研究[J]. 火力与指挥控制，2016(04)：66-69.

[41] 王仲民，刘开绪. 动态环境下移动机器人路径跟踪与避障[J]. 控制工程，2010，17(3)：397-400.

[42] Lee D N. General Tau Theory：evolution to date[J]. Perception，2009，38(6)：837.

[43] 杨祖强，方舟，李平. 基于 tau 矢量场制导的多无人机协同 standoff 跟踪方法[J]. 浙江大学学报：工学版，2016，50(5)：984-992.

[44] Yao P，Wang H，Su Z. Real-time path planning of unmanned aerial vehicle for target tracking and obstacle avoidance in complex dynamic environment[J]. Aerospace Science and Technology，2015，47：269-279.

[45] Wang H，Lyu W，Yao P，et al. Three-dimensional path planning for unmanned aerial vehicle based on interfered fluid dynamical system[J]. Chinese Journal of Aeronautics，2015，28(1)：229-239.

[46] Yao P，Wang H，Su Z. Cooperative path planning with applications to target tracking and obstacle avoidance for multi-UAVs[J]. Aerospace Science and Technology，2016，54：10-22.

[47] Belanger J，Desbiens A，Gagnon E. UAV guidance with control of arrival time[C]//2007 American Control Conference. IEEE，2007：4488-4493.

[48] Ratnoo A，Ghose D. Impact angle constrained interception of stationary targets[J]. Journal of Guidance，Control，and Dynamics，2008，31(6)：1817-1822.

[49] 张友安，马培蓓. 带有攻击角度和攻击时间控制的三维制导[J]. 航空学报，2008，29(4)：1020-1026.

[50] Tisdale J，Kim Z W，Hedrick J K. Autonomous UAV path planning and estimation[J]. IEEE Robotics & Automation Magazine，2009，16(2)：35-42.

[51] Bortoff S A，Kohan R R，Milman R. Adaptive control of variable reluctance motors：a spline function approach[J]. IEEE Transactions on Industrial Electronics，1998，45(3)：433-444.

[52] Yang K，Sukkarieh S. 3D smooth path planning for a UAV in cluttered natural environments[C]//2008 IEEE/RSJ International Conference on Intelligent Robots and Systems. IEEE，2008：794-800.

[53] Zengin U, Dogan A. Probabilistic trajectory planning for UAVs in dynamic environments[C]//AIAA 3rd "Unmanned Unlimited" Technical Conference, Workshop and Exhibit, 2004: 6528-6536.

[54] Zhen Z, Gao C, Zheng F, et al. Cooperative path replanning method for multiple unmanned aerial vehicles with obstacle collision avoidance under timing constraints[J]. Proceedings of the Institution of Mechanical Engineers, Part G: Journal of Aerospace Engineering, 2015, 229(10): 1813-1823.

[55] Albert A, Leira F S, Imsland L S. UAV path planning using MILP with experiments[J]. Modeling, 2017, 38(1): 21-32.

[56] Chen J, Ye F, Jiang T. Path planning under obstacle-avoidance constraints based on ant colony optimization algorithm[C]//2017 IEEE 17th International Conference on Communication Technology (ICCT). IEEE, 2017: 1434-1438.

[57] Peng X, Xu D, Zhang F. UAV online path planning based on dynamic multiobjective evolutionary algorithm[C]//Proceedings of the 30th Chinese Control Conference. IEEE, 2011: 5424-5429.

[58] Edison E, Shima T. Integrated task assignment and path optimization for cooperating uninhabited aerial vehicles using genetic algorithms[J]. Computers and Operations Research, 2011, 38(1): 340-356.

[59] Neto A A, Campos M F M. A path planning algorithm for UAVs with limited climb angle[C]//2009 IEEE/RSJ International Conference on Intelligent Robots and Systems. IEEE, 2009: 3894-3899.

[60] Beard R W, Ferrin J, Humpherys J. Fixed wing UAV path following in wind with input constraints[J]. IEEE Transactions on Control Systems Technology, 2014, 22(6): 2103-2117.

[61] Zhang Y, Sun M, Chen Z. Finite-time convergent guidance law with impact angle constraint based on sliding-mode control[J]. Nonlinear Dynamics, 2012, 70(1): 619-625.

[62] Jiang W, Wang D, Wang Y, et al. UAV rendezvous based on time-varying vector fields[J]. Electronics Letters, 2017, 53(10): 653-655.

[63] Manchester I R, Savkin A V. Circular-navigation-guidance law for precision missile/target engagements[J]. Journal of guidance, control, and dynamics, 2006, 29(2): 314-320.

[64] Yoon M G. Relative circular heading guidance for the impact angle control

problem[J]. IEEE Transactions on Aerospace & Electronic Systems, 2010, 23(4): 300-308.

[65] Kumar S R, Tsalik R, Shima T Y. Nonlinear robust inscribed angle guidance for stationary targets[C]//AIAA Guidance, Navigation, and Control Conference. 2017: 1510-1515.

[66] Tsalik R, Shima T Y. Inscribed Angle Guidance[J]. Journal of Guidance Control & Dynamics, 2015, 38(1): 30-40.

[67] 张友根, 张友安, 施建洪, 等. 基于双圆弧原理的协同制导律研究[J]. 海军航空工程学院学报, 2009, 24(5): 537-542.

[68] 王天宁, 唐胜景, 郭杰. 终端和过载约束下的双圆弧制导律[J]. 系统工程与电子技术, 2019, 41(2): 372-380.

[69] 尹文强, 吴欣龙, 井立. 基于飞行试验的无人机空速系统误差修正研究[J]. 飞机设计, 2018, 38(4): 9-14.

[70] Frew E W, Lawrence, D A, Morris, S. Coordinated standoff tracking of moving targets using Lyapunov guidance vector fields[J]. Journal of Guidance Control & Dynamics, 2008, 31(2): 290-306.

[71] Schmitt L, Fichter W. Collision-avoidance framework for small fixed-wing unmanned aerial vehicles[J]. Journal of Guidance, Control, and Dynamics, 2014, 37(4): 1323-1329.

[72] Jiang F, Swindlehurst A L. Optimization of UAV heading for the ground-to-air uplink[J]. IEEE Journal on Selected Areas in Communications, 2012, 30(5): 993-1005.

[73] Yang J, Zhao H Y, Luo X Y. RSSI-based heading control for robust long-range aerial communication in UAV Networks[J]. IEEE Internet of Things Journal, 2019, 6(2): 1675-1689.

[74] 罗健. 基于 Lyapunov 导航迹方位角量场的无人机协同跟踪地面目标[J]. 复旦学报: 自然科学版, 2012, 51(4): 406-414.

[75] 杨祖强, 方舟, 李平. 基于 tau 矢量场制导的多无人机协同 standoff 跟踪方法[J]. 浙江大学学报: 工学版, 2016, 50(5): 984-992.

[76] Lee D N, General tau theory: evolution to date[J]. Perception, 2009, 38(6): 837-858.

[77] Oh H D, Turchi D, Kim S, et al. Coordinated standoff tracking using path shaping formulti-UAV[J]. Aerospace and Electronic Systems IEEE Transac-

tions on，2014，50(1)：348-363.

[78] Oh H，Kim S，Tsourdos A，et al. Decentralised standoff tracking of moving targets using adaptive sliding mode control for UAVs[J]. Journal of Intelligent & Robotic Systems，2014，76(1)：169-183.

[79] Regina N，Zanzi M. Fixed-wing UAV guidance law for surface-target tracking and overflight[C]//2012 IEEE Aerospace Conference. IEEE，2012：1-11.

[80] Yoon S，Bae J，Kim S，et al. Cooperative tracking of a moving target using integrated vector field and decentralized extended information filter[J]. IFAC Proceedings Volumes，2011，44(1)：6319-6324.

[81] 杨秀霞,周砲砲,张毅. 基于速度障碍圆弧法的 UAV 自主避障规划研究[J]. 系统工程与电子技术,2017,01:168-176.

[82] 梁勇，张友安. 一种基于 Dubins 路径的在线快速航路规划方法[J]. 系统仿真学报，2013，25(1)：291-296.

[83] 黄得刚，章卫国，杨立本. 无动力无人机进场阶段三维 Dubins 路径跟踪方法[J]. 系统工程与电子技术，2016，42(3)：629-637.

[84] 王荔豪，王爱华，柯楠. 基于 Dubins 曲线的高超声速飞行器路径规划[J]. 弹箭与制导学报，2015，25(3)：47-49.

[85] 张毅，孟启源，杨秀霞. 基于双旋 Lyapunov 矢量场的无人机避障算法[J]. 控制与决策，2018，33(8)：173-181.

[86] Yao P，Cai Y，Zhu Q. Time-optimal trajectory generation for aerial coverage of urban building[J]. Aerospace Science and Technology，2019，84：387-398.

[87] 张毅，孟启源，杨秀霞. 基于双旋 Lyapunov 矢量场的无人机避障算法[J]. 控制与决策，2018，33(8)：173-181.